Opiniões sobre

CULTURA DA EXCELÊNCIA EM SERVIÇO

"Leia este livro, aplique os passos. Veja sua cultura se transformar e sua perspectiva sobre serviço mudar para sempre. Ron Kaufman desvendou o mistério do serviço. Prepare-se para uma esplêndida jornada por um novo mundo."

MARSHALL GOLDSMITH

Autor do *best-selller What Got You Here Won't Get You There*

"Não há substituto para um ótimo serviço, e Ron Kaufman capturou tanto o porquê quanto o como neste livro. Faça um favor a si mesmo e leia hoje *Cultura da Excelência em Serviço* – sem a menor dúvida ele o ajudará a ser mais bem-sucedido em termos profissionais e pessoais."

ARTE NATHAN

Presidente e COO, Strategic Development Worldwide

"Tenho visto o cenário corporativo evoluir. E tenho visto muitos aspectos continuarem estáticos – inalterados, mas não inalteráveis. Ron Kaufman nos mostra como podemos evoluir com seu livro *Cultura da Excelência em Serviço.* Este é o objetivo final: ascender, elevar-se acima de ontem."

WARREN BENNIS

Autor do *best-seller Still Surprised: Memoir of a Life in Leadership*

"*Cultura da Excelência em Serviço* revela o 'grande quadro' e o poder do serviço hoje. Ron Kaufman dá a toda empresa as ferramentas para construir uma base de clientes com *Fãs em Delírio®!*"

KEN BLANCHARD

Autor dos *best-sellers The One M*

"Estou extremamente satisfeito com *Cultura da Excelência em Serviço.* Ron Kaufman, de modo brilhante e poético, tem prestado um serviço ao mundo ao construir um conceito que, sem a menor dúvida, afetará os negócios e mudará a perspectiva de cada leitor e organização que adote este livro. Kaufman nos oferece uma aplicação no mundo real do pensamento acadêmico. Define uma linguagem comum de serviço. Vai além do comercialismo pesado, muitas vezes mero clichê, de tantos livros. Este livro vai dar novo ânimo ao serviço."

PROFESSOR JOCHEN WIRTZ
Diretor, UCLA – NUS, executivo do Programa de MBA da Universidade Nacional de Singapura

"Ron Kaufman merece ser aplaudido de pé por *Cultura da Excelência em Serviço!* Enfim um livro que revela todos os segredos para você se tornar um ícone do serviço. Além de ajudá-lo a agradar aos clientes, ele mostra como inspirar novo ânimo a toda a sua organização, de dentro para fora. Todo prestador de serviços e líder empresarial deveria ler este livro."

SIMON HO
CEO, CapitaMall Trust Management Limited

"Se as pessoas são o seu negócio, você deve ler este livro. *Cultura da Excelência em Serviço* vai aumentar de imediato o valor de seu capital humano: liderança, linha de frente e todos que estão no meio!"

RICK CURZON
Diretor Executivo, HR Summit Singapore

CULTURA DA EXCELÊNCIA EM **SERVIÇO**

Ron Kaufman

CULTURA DA EXCELÊNCIA EM **SERVIÇO**

Caminhos Efetivos para Fascinar Clientes, Colegas e Todas as Pessoas que sua Vida Tocar

Tradução
Mário Molina

Título original: *Uplifting Service – The Proven Path to Delighting Your Costumers, Colleagues and Everyone Else You Meet.*

1ª edição 2023.

P.S. Para manter a veracidade do conteúdo desta obra mantivemos os exemplos como foram citados na época em que foram escritos.

Editor: Adilson Silva Ramachandra
Gerente editorial: Roseli de S. Ferraz
Gerente de produção editorial: Indiara Faria Kayo
Editoração eletrônica: Join Bureau
Revisão: Adriane Gozzo

Dados Internacionais de Catalogação na Publicação (CIP)
(Câmara Brasileira do Livro, SP, Brasil)

Kaufman, Ron
Cultura da excelência em serviço: caminhos efetivos para fascinar clientes, colegas e todas as pessoas que sua vida tocar / Ron Kaufman; [tradução Mário Molina]. – 1. ed. – São Paulo: Editora Cultrix, 2023.

Título original: Uplifting service: the proven path to delighting your costumers, colleagues and everyone else you meet.
ISBN 978-65-5736-276-1

1. Administração de empresa 2. Atendimento ao cliente 3. Clientes – Atendimento – Controle de qualidade 4. Clientes – Fidelização 5. Clientes – Relacionamento 6. Desenvolvimento profissional 7. Marketing I. Molina, Mário. II. Título.

23-173733 CDD-658.812

Índices para catálogo sistemático:

1. Atendimento ao cliente : Qualidade: Administração de empresas 658.812
Aline Graziele Benitez – Bibliotecária – CRB-1/3129

Direitos de tradução para o Brasil adquiridos com exclusividade
pela EDITORA PENSAMENTO-CULTRIX LTDA., que se reserva a
propriedade literária desta tradução.
Rua Dr. Mário Vicente, 368 — 04270-000 — São Paulo, SP – Fone: (11) 2066-9000
http://www.editoracultrix.com.br
E-mail: atendimento@editoracultrix.com.br
Foi feito o depósito legal.

Sumário

Parte Três:
CONSTRUIR

Parte Quatro:
APRENDER

Parte Cinco:
DIRIGIR

Prefácio à Edição Brasileira

Por Oscar Motomura

Nesta importante obra, Kaufman faz com que o serviço saia de uma tarefa marginal, meramente complementar, para o centro da estratégia de toda organização e de todo ser humano. É essa jornada de transformação cultural na postura de servir que é descrita neste livro.

Kaufman chegou, por caminhos repletos de acasos – como acontece na vida de todos nós –, à posição de principal nome do mundo no campo da cultura do servir em organizações empresariais, governamentais, do terceiro setor e até mesmo nas relações interpessoais na família e nas comunidades.

Kaufman é mais um exemplo do que acontece quando as pessoas têm paixão pelo que fazem e são ousadas a ponto de buscar "viabilizar o impossível" na atividade à qual decidem se dedicar. Apaixonou-se pela prática do Frisbee no início da vida e passou a disseminá-la mundo afora, literalmente. Começou nos Estados Unidos e rapidamente expandiu suas atividades na Europa e em outros continentes. Organizava torneios, criava campeonatos, buscava patrocinadores.

Percebeu que estava contribuindo muito mais do que imaginava ao incentivar as pessoas a praticarem atividades que lhes davam intenso prazer.

Prazer tão grande quanto ele tinha ao organizar esses eventos. E o mesmo acontecia com seus parceiros, os patrocinadores, que se esmeravam em fazer tudo da melhor forma possível para assegurar que as pessoas estivessem felizes o tempo todo nesses eventos que estavam ajudando a viabilizar.

Os grandes torneios de Frisbee eram novidade, algo inédito, desconhecido até então. Para mobilizar todas as pessoas envolvidas nesses eventos e assegurar que tudo transcorresse com excelência era necessário garantir que todas elas participassem de todas as etapas – do planejamento à execução das atividades-fim. Participação com ideias, competências e a capacidade de inovar em cada novo torneio.

Muito cedo Kaufman descobriu que participação gera comprometimento, alto engajamento e senso de realização. Descobriu também que a participação de todos gerava senso de companheirismo e altruísmo. Viu ainda, na prática, a sensação de felicidade diretamente ligada à capacidade de prover a felicidade a outros.

Com base nessas constatações, Kaufman foi descobrindo aos poucos que a postura de servir estava mais inerente à natureza das pessoas do que imaginava. Que era no ato de servir que o melhor das pessoas se revelava muito fortemente e onde elas encontram seu propósito maior.

A partir daí, Kaufman começou a fazer indagações sobre os paradoxos que começou a perceber no dia a dia da sociedade e das organizações. Por que as organizações não estavam investindo mais e mais no desenvolvimento da postura de excelência em serviço com suas equipes? Por que não buscavam criar um ambiente em que todos se sintam felizes por estarem tentando tornar os outro felizes: os colegas de trabalho, os clientes, os fornecedores, os investidores, as comunidades, a sociedade como um todo e, com isso, assegurar o melhor resultado para todos, inclusive para os acionistas?

Com base nessas indagações, Kaufman constatou que o grande desafio estava no "modelo mental" das pessoas, na cultura dessas pessoas e das organizações. Viu que "serviço" vem do latim *servitius*, traduzido por “servidão”, “escravidão”. Servir aos outros frequentemente estaria na cabeça das pessoas como algo conectado à “atitude servil”, de baixar a cabeça, aceitar sem questionar as demandas dos outros. Nesse sentido, o lema “o cliente sempre tem razão” pareceu a Kaufman uma premissa que retrata a postura de servidão. Clientes podem não estar com a razão... Aceitar o errado poderia não ajudar a ninguém, incluindo os clientes. E isso não seria um serviço com excelência... A partir daí, Kaufman começou a desafiar mitos.

A mudança de modelo mental pode começar com a divulgação de exemplos muito bem-sucedidos de excelência em servir que desafiam esses mitos. O livro de Kaufman é repleto desses exemplos.

Exemplos que são referenciais podem ajudar no desenvolvimento de inovações contínuas. É a ideia de *benchmarking*. Mas não restrito tão somente a referenciais que existem no ramo em que atuam. É o que na Amana-Key chamamos de “*benchmarking* cruzado”. Kaufman cita o caso de aeroportos que descobrem inovações em hospitais, *theme parks* e outros lugares que nada têm a ver com aeroportos. E assim por diante.

Para aproveitar plenamente o conteúdo deste livro e os exemplos que Kaufman traz é preciso estar de mente aberta. Mas isso também não basta. É preciso empregar totalmente a capacidade de fazer abstrações. A capacidade de ver algo até simples do dia a dia e produzir uma ideia que nada tem a ver com o que você vivenciou. É ouvir a pergunta que o filho pequeno fez e ter uma ideia de inovação que revoluciona a empresa... Mas, se formos puxando o fio, há algo anterior à capacidade de fazer abstrações. É a capacidade de observação do que acontece ao redor. Observação que exige presença. Presença que faz observar que o filho quer fazer uma pergunta. Presença que faz ouvir efetivamente a pergunta do filho. Com genuíno interesse. E por aí vai...

São exemplos em que fica patente a importância da presença e do alto envolvimento de todos os colaboradores de todas as áreas e de todos os níveis para criar organizações que oferecem excelência em serviço. Mas serviço a quem, para quem? Obviamente, pessoas. Outros seres humanos. Seres vivos. Não "peças de uma máquina"...

Contudo, para viabilizar isso que parece óbvio, é preciso sair da visão da organização considerada máquina para o entendimento de que ela é um organismo vivo. Parece óbvio? Pelo que se vê na prática e pelo baixo nível de qualidade de serviço que se vê na "realidade real", não é nada óbvio... O que vemos em grande número de organizações é que ainda hoje operam na premissa de que a organização é uma máquina. Vemos claramente isso em organizações hierárquicas de comando e controle em contraposição àquelas com cultura mais "biológica". A questão-chave aqui, no contexto em que Kaufman analisa no livro, seria: em qual das culturas (no "mecânico" ou no "biológico") se torna possível gerar excelência em serviço, no padrão que todo ser humano deseja? Em qual delas simplesmente não há condições para que esse padrão aconteça, mesmo que haja muito controle, muitas regras e cobrança/supervisão cerradas?

Um alerta de Ron Kaufman no livro está presente também em todos os programas da Amana-Key: eliminar o *gap* entre ideia e ação. Não ficar apenas nas leituras e conversas sobre o tema. Não se perder num planejamento infinito. A importância do testar imediatamente as ideias que surgem para poder aperfeiçoá-las assim que os resultados aparecerem, numa espiral evolutiva permanente.

Antes de começar a ler, sugiro que você faça este exercício proposto por Kaufman:

Imagine um mundo no qual todo mundo encoraja e é encorajado. Imagine um mundo no qual a intenção das pessoas não é somente resolver problemas, mas também elevar o espírito e inspirar os outros. Imagine um mundo no qual as pessoas medem seu sucesso pelas respostas que recebem, não pelas ações que realizam. Imagine um ambiente de trabalho no qual as tarefas e os projetos não são considerados completos até que alguém tenha sido surpreendido e encantado. Imagine um mundo no qual as pessoas estão comprometidas em inspirar outros com excelência em serviços porque realmente querem, não porque alguém lhes pede, manda ou paga por isso. Finalmente, imagine uma organização – a sua organização – verdadeiramente inspirada, em que cada pessoa está totalmente engajada, encorajando as demais, melhorando as experiências dos clientes, tornando a empresa mais bem-sucedida e contribuindo para a comunidade em que está inserida.

Este livro pode ser uma referência extraordinária para quem deseja disseminar a postura de servir em todos os ambientes em que atua, em todas as relações humanas. Kaufman é mestre no que chamamos de "como do como" (muitas pessoas vão até o "o quê", mas não conseguem visualizar o "como" que efetivamente faz acontecer). A descrição detalhada do passo a passo do processo de criação de uma cultura de excelência que Kaufman traz em seu livro parece inesgotável. Convido você a implementar as ideias (os *insights*) que for tendo durante a leitura do livro à medida que elas forem emergindo. E envolver o maior número possível de pessoas do seu entorno para esta jornada de resgate da essência do ser humano – a de estar a serviço de todas as formas de vida ao nosso redor.

Oscar Motomura é fundador e CEO do Grupo Amana-Key,
organização especializada em inovações de
raiz em gestão, estratégia e liderança.
Motomura também é criador e coordenador do
APG – Programa de Gestão Avançada da Amana-Key
(www.amana-key.com.br).

Prefácio

Um Caminho Pessoal para os Serviços

Nos últimos quarenta anos, tenho cumprido uma missão para melhorar o mundo. O ideal que me motiva e sustenta é um mundo em que cada um é educado e inspirado para se distinguir no serviço prestado a outros.

Em prol dessa missão, voei mais de três milhões de quilômetros, visitei trezentas cidades e trabalhei com negócios de cada indústria, indo da alta-costura a alta tecnologia e passando por agências do governo, escolas, associações e organizações de serviço voluntário. Ajudo pessoas a se tornarem melhores provedoras de serviço e auxilio organizações a construir culturas de serviço inspiradoras e autossustentáveis.

Defino serviço como fazer algo em benefício de alguém. Ou, em termos comerciais: *Serviço é fazer algo para criar valor a alguém.* O que há de surpreendente nisso é que melhorar o serviço que você presta a outra pessoa é algo que também o beneficia. Fornecer excelência em serviço a outras pessoas enriquece naturalmente seus relacionamentos, melhora sua rede de apoio e contribui para seu próprio sucesso.

Com frequência, as pessoas me perguntam de onde vem essa intensa paixão pela excelência em serviço. Costumo responder com franqueza:

"Minha paixão vem de você". Acho incrível ver pessoas tendo êxito por contribuir para a vida de outras. É isso que este livro fará por você: mostrar como podemos agregar mais valor a outros e ganhar mais com isso.

Lições de Vida

Pessoas e eventos incomuns têm tido uma influência poderosa em minha vida, e as lições que aprendi com eles são as raízes de minha irrefreável paixão. Minha avó foi minha primeira inspiração. Ela ensinou durante quarenta anos em um jardim de infância da cidade de Nova York, e, quando visitava sua classe, eu me sentia a pessoa mais importante do mundo. Ela fazia qualquer um se sentir a pessoa mais importante do mundo.

Ela ia elogiar uma criança e ajudava outra a fazer alguma coisa. Ia ler para um grupo enquanto respondia às perguntas de outro. Ia separar dois brigões de 5 anos e fazia ambos se sentirem bem. E, no fim do dia, garantia a cada pai ou mãe que o filho bagunceiro, barulhento, turbulento era o milagre mais precioso de sua sala de aula.

O que me impressionava era a capacidade que minha avó tinha de fazer isso o dia todo, o ano inteiro, durante quarenta anos. Cada vez que fazia uma criança sorrir, parecia ficar mais energizada, como se sua bateria estivesse sendo carregada sem parar. Tirava tanto proveito de ensinar as crianças quanto as crianças de estar com ela. A lição que aprendi vendo minha avó trabalhar foi tão clara para mim naquela época quanto o é agora: *Fornecer serviço a alguém nos dá algo de volta. Fazer outras pessoas se sentirem bem faz com que nos sintamos mais fortes de alguma maneira.* Minha avó Bea foi a primeira grande mestra em minha vida. A intenção de servir era o que de mais notável havia nela. Ela chamava isso de amor.

Enquanto minha avó ensinou a mim a beleza do serviço, um disco Frisbee me abriu a porta para uma vida de servir aos outros.

Não sou alto. Na realidade, sou baixo. A maioria dos esportes coletivos não eram para mim quando eu era garoto. Tudo isso mudou quando o professor de uma escola secundária local, Al Jolley, introduziu em nossa escola o jogo de Frisbee chamado Ultimate e formou uma equipe da qual todo mundo podia participar. Mas, ainda assim, como eu era baixo e não muito bom em atirar ou pegar um Frisbee, frequentemente era o último a ser escolhido.

Dan Buckley era um jogador muito mais experiente e tinha um coração tão grande quanto seu arremesso lateral de disco. Ele não só selecionava as pessoas mais baixas para que todas pudessem jogar como também atirava o disco para nós e, quer o pegássemos ou o deixássemos cair, nos encorajava a fazer um lançamento decente ou um arremesso horrível. Minha avó tinha todos os motivos para ser gentil com os baixinhos; era professora do jardim de infância e minha avó. Dan não tinha qualquer motivação externa óbvia para ser tão generoso. Seus motivos vinham de dentro.

A primeira regra oficial do Ultimate chama-se "Espírito do Jogo". Coloca o jogador como plenamente responsável por seu comportamento em um campo sem árbitros. Dan não só seguia seu papel; ele o vivia, e aprendi uma vigorosa lição com seu exemplo. *Nesta vida, todos querem entrar no jogo. Dê às pessoas encorajamento e oportunidade suficientes, e elas vão aparecer no momento certo, com frequência nos espantando com seu empenho e sua contribuição.*

Após o ensino médio, matriculei-me na Universidade Brown, onde estudei História e fui capitão do time de Ultimate. Jogando no campo do Frisbee, aprendemos a trabalhar e a vencermos juntos em pequena escala. Como estudante da história humana, fiquei chocado com a frequência com que, em escala mais ampla, as pessoas ao redor do mundo não conseguiam viver bem umas com as outras. A humanidade parece ter dependência de longa data da incompreensão, da desconfiança e do conflito armado. Dificilmente seria esse o espírito do jogo que achei que pudéssemos estar jogando.

Em meus estudos, estava menos interessado em aprender por que a guerra irrompia que curioso para entender como as pessoas voltam a conviver. Os negócios e o comércio desempenham seus papéis para reconectar as pessoas após a guerra. Mas eu estava mais intrigado com conexões amáveis e duradouras em termos emocionais: eventos esportivos, trocas de correspondência, contatos entre estudantes, cidades-irmãs. Eu me perguntava se conseguiria dar esse tipo de contribuição à vida de outras pessoas, fazer um pouco de diferença e, talvez, tornar este mundo um lugar melhor para trabalhar, viver e amar.

Assim, levei minha curiosidade e os Frisbees para a Europa, onde estudei no outono e no inverno e viajei freneticamente na primavera e no verão. Dormia em trens, comia em feiras livres e convivia com pessoas vindas de toda parte. Ensinava o jogo do Frisbee a famílias em parques e era convidado para jantar na casa delas. Jogava Frisbee na praia e acabava participando de festas com novos amigos. Vendia os discos do jogo nas ruas e era tolerado pela polícia, que se limitava a sorrir.

Fosse nos trens modernos da Escandinávia, nas ruas vibrantes de Roma ou nas praças de terra batida do Marrocos, descobri que podia levantar os olhos e o ânimo das pessoas com meus simples pedaços de plástico. Andando com o vento durante o dia e em trens barulhentos à noite, minha vida se tornou uma expressão no mundo real do *slogan* publicitário do Frisbee: "Você simplesmente não pode fazer isso sozinho".

Mesmo durante aqueles dias despreocupados, aprendi algo útil: métodos eficientes para conectar pessoas também podem ser fáceis de aplicar. *Inspirar o espírito de outra pessoa pode ser tão simples quanto colocar um sorriso no rosto, um elogio na voz ou um disco de Frisbee no dedo.*

Meus discos voadores eram ferramentas simples para criar conexões, superar medos, evocar – e às vezes provocar – participação total. Motivar as pessoas me dava profunda satisfação. Ver grupos de pessoas se divertindo me satisfazia ainda mais.

Dan "Stork [Cegonha]" Roddick trabalhava para a empresa Wham-O, que fabricava os discos de Frisbee. Ficou sabendo das minhas aventuras no exterior e me enviou cartões de visita que diziam "Ron Kaufman, Representante Internacional, Associação Internacional de Frisbee". Isso equivalia a nomear um evangelista para conquistar o mundo. E foi o que fiz.

Criei uma empresa chamada "Disc Covering the World"* e passei mais dois anos cruzando fronteiras e organizando eventos como torneios e festivais de discos voadores, dias de vida saudável e dias de diversão em família em todos os lugares por onde andei. Reuni estudantes para um jogo internacional de Ultimate no Hyde Park, em Londres, e criei um Santuário Oficial do Frisbee com um motivado gerente de albergue da juventude na Bélgica. Atuei como mestre de cerimônias no Smithsonian Frisbee Festival, em Washington, D.C., também no Dia do Ar, no estádio Milton Keynes Bowl, no Reino Unido, e no Campeonato Mundial de Frisbee, no estádio Rose Bowl, na Califórnia.

Ao longo dessas aventuras, Stork foi um patrocinador encorajador, colaborador, conselheiro e amigo. Via o mundo pelas lentes de um sociólogo e acreditava que poderíamos moldar a cultura com festivais e esportes; que poderíamos popularizar o Espírito do Jogo. Compartilhamos a dedicação daqueles que se engrandecem servindo deliberadamente aos outros. Mas, na época, não chamávamos isso de serviço. Chamávamos de jogo.

Certo ano, quando eu era mestre de cerimônias no Rose Bowl, descobri que a energia coletiva é maleável, e as pessoas que organizam outras têm a responsabilidade de moldar essa energia com cuidado. Em um dia quente de verão, alguém colocou uma nota rabiscada na minha prancheta: "Um

---

* O nome tem mais de um sentido: Disco Cobrindo o Mundo e Descobrindo (*Discovering*) o Mundo. (N. do T.)

cachorro grande está latindo desesperadamente em uma van branca, no estacionamento, com todas as janelas fechadas. Está calor!". Olhei para a enorme multidão e fiz uma pausa, depois respirei fundo e anunciei: "Senhoras e senhores, se hoje um de vocês dirigiu até aqui em uma van branca, com um cachorro grande, seu amigo canino está ficando com calor e gostaria de vê-lo no estacionamento, *agora*".

Minha tentativa de dar um leve alerta sobre uma situação séria falhou, e 65 mil pessoas vaiaram. "Uuuu!" Uma onda de escuridão rolou da multidão para o campo. Os competidores pararam de jogar. Arcos caíram no chão. Todos fizeram uma pausa, à espera. Tive uma reação puramente instintiva e gritei para a multidão: "Quantos de vocês vieram aqui hoje para realmente se divertirem?". A multidão retornou com um grito: "É!!", e a onda de escuridão flutuou para longe. O cachorro viveu para latir no dia seguinte, e todos ficaram inspirados.

Orientar a energia de qualquer grupo para um propósito construtivo é uma forma essencial de serviço. Isso é verdade, quer se esteja liderando uma equipe, trazendo o foco para um departamento, construindo a cultura de uma organização inteira ou contribuindo para o futuro de nossa civilização global.

Em 1985, abri outra empresa para conectar pessoas de diferentes culturas submetidas a histórias de longa data de mal-entendidos e desconfiança. Organizei as Excursões da Amizade Frisbee para a República Popular da China e fui destaque na revista *LIFE*, guiei Jovens Embaixadores da América na União Soviética* e fui entrevistado pelas tevês chinesa e soviética. Um membro do Politburo soviético entendeu o que eu realmente estava fazendo – conectando pessoas – e aprovou nosso encontro com crianças, palhaços e discos voadores de plástico na Praça Vermelha fortemente patrulhada de Moscou.

---

* Programa de intercâmbio para jovens estudantes entre os EUA e a URSS. (N. do T.)

> "Não sei qual será o destino de vocês, mas uma coisa eu sei: os únicos verdadeiramente felizes serão aqueles que buscarem e encontrarem um modo de servir."
> ALBERT SCHWEITZER, *Ganhador do Prêmio Nobel*

Entre todos esses eventos malucos e anos de incessantes viagens, outra lição emergiu. Para que minhas curiosas reuniões fossem bem-sucedidas, eu tinha de trabalhar com departamentos de polícia e parques, estações de rádio, jornais, patrocinadores comerciais, especialistas em Frisbee, recrutas inexperientes e até cachorros. Tinha de descobrir o que cada um desses grupos queria alcançar e projetar e entregar um evento que desse o que eles valorizavam.

Estações de rádio querem entrevistas interessantes. Patrocinadores precisam de alta visibilidade. Músicos virtuosos gostam de boa música e bom público. Departamentos de parques e jardins apreciam eventos limpos e seguros. A polícia insiste no trânsito ordenado. Fotógrafos buscam "o instante" para captar a essência da cena. Cães precisam de sombra e água limpa. *Quando cada grupo consegue aquilo de que realmente precisa, e quando cada um de nós se sente bem servido e compreendido, todos podem conhecer a mesma motivação.*

Essa lição se aplica muito além do campo de Frisbee. Sempre que pessoas com interesses diferentes se encontram nas quadras da comunidade ou do comércio, cada uma faz uma escolha fundamental de se concentrar primeiro no que quer ou em servir aos outros. A surpreendente verdade é esta: o melhor caminho para conseguir o que você quer na vida é ajudar os outros a conseguir o que querem.

Surpreendente Singapura

Em 1990, fui a Singapura por uma semana a convite da Singapore Airlines e do Conselho Nacional de Produtividade do governo. O país estava procurando passar de base manufatureira de baixo custo para centro agregador de valor para serviços, ideias e inovação. Uma semana se estendeu por um mês, depois por um ano, e agora por mais de duas décadas incríveis.

Durante esse tempo, ajudei a criar um currículo de serviço para a nação, ensinando milhares de pessoas a criar mais valor no mundo e na vida por meio dos serviços. Criei a empresa UP! Your Service, nome atrevido para destacar três pontos importantes: *UP!* [Pra Cima] é a direção que você seguirá para incrementar sua renda, empresa ou carreira. *Your* [Seu] é uma declaração de responsabilidade pessoal – esta ação ascendente deve ser realizada por você. *Service* [Serviço] é o cuidado em se importar com as outras pessoas, não colocando em dúvida que obtemos mais para nós quando criamos para os outros o que eles apreciam, respeitam e valorizam.

As indústrias de serviços sempre estiveram em minha lista de clientes, com Singapore Airlines, Raffles Hotel e Changi Airport entre as primeiras organizações de destaque que servi. Empresas de varejo, de hotelaria, de assistência médica, seguros, finanças e imóveis, todas elas sabem como é importante oferecer um ótimo serviço. Mas há também uma demanda crescente nos setores de tecnologia, telecomunicações, produtos farmacêuticos, manufatura, governo e outros. O valor do serviço como diferenciador é especialmente alto em setores nos quais os produtos são comoditizados com facilidade e a entrega é acertada com rapidez.

Ao longo dos anos, tenho visto mudanças profundas nas atitudes e ações das pessoas e melhorias espetaculares no desempenho do serviço de muitas empresas, com ganhos mensuráveis em reputação, participação no mercado e lucros. As organizações que constroem culturas de serviço vibrantes e de excelência desfrutam de uma vantagem competitiva sustentável, que atrai e retém os melhores clientes, além de funcionários mais talentosos e motivados.

O Desafio do Serviço Global

Dois temas contraditórios perpassam a história da humanidade. Um deles é o da má comunicação: evitando o diálogo, acumulando desconfiança e conflito armado. O outro é o do melhor entendimento: criando diálogo, construindo novos valores e acumulando confiança. O egoísmo e o medo estão na raiz do primeiro, enquanto a compaixão, a generosidade e o compromisso de servir aos outros estão no centro do último. O que leva alguém a escolher um caminho em detrimento de outro? Por que algumas pessoas são atenciosas com tanta persistência e outras são tão regularmente rudes? Por que alguns experimentam a vida como uma oportunidade contínua, enquanto outros a sofrem como fonte de reclamações sem fim? Ainda mais importante: como podemos interromper esse padrão de conflito e oportunidades perdidas de criar uma vida melhor e dar um futuro melhor para nossos filhos?

O desafio que enfrentamos hoje é global em amplitude e alcance: levar a paixão pela excelência em serviço a todas as culturas e rincões do mundo. Os princípios de prestação de um serviço superior devem ser ensinados em nossas escolas, praticados em nossas comunidades e incorporados a cada estrutura de nossa vida.

Anos atrás, tomei a decisão de servir a um propósito social maior. Esse desejo tem estado no centro de minhas intenções e ações, desde a organização de festivais de Frisbee e turnês internacionais até a concepção e entrega de programas de melhoria de serviços e desenvolvimento cultural. Coloco minhas ideias e energia trabalhando para promover o bem-estar de outros. Agora você também pode fazer isso.

Vivemos em um tempo extraordinário. Temos a capacidade tecnológica e social de nos conectarmos e de servir uns aos outros como nunca antes. Sim, existem muitos problemas, mas também avanços. Existem indivíduos confusos e perigosos, mas também muitas pessoas agindo de modo compromissado, com preocupação e compaixão.

Acredito que os leitores deste livro são pessoas que gostam de fazer contribuições úteis. Quer você faça isso em seu trabalho e em sua comunidade, ou na sua casa e na vida pessoal, o serviço que você presta aos outros cria um planeta mais iluminado para todos nós.

Obrigado por estar lendo, compartilhando e colocando em prática o que está aprendendo neste livro. Ao aplicar o que aprendeu, outras pessoas serão inspiradas na vida delas, e você será inspirado na sua.

Espero que tenhamos o privilégio de nos encontrar pessoalmente um dia desses e compartilhar a alegria da excelência em serviço.

Meus sinceros e melhores votos de felicidade a você,

RON KAUFMAN

Introdução

O Problema com o Serviço Hoje

Estamos enfrentando uma crise de serviço em todo o mundo.

Em velocidade recorde, economias enormes baseadas em manufaturas estão se transformando em economias baseadas em serviços, e nossas populações estão, em grande parte, despreparadas para isso. Os clientes estão zangados e reclamam para quem quiser ouvir. Os prestadores de serviço estão irritados, chegando ao ressentimento e ao pedido de demissão. Inúmeras organizações prometem satisfação a clientes externos e depois permitem que políticas internas frustrem as boas intenções de entrega de seus funcionários. E nossos sistemas educacionais mais básicos nem sequer reconhecem o tema serviço como área de estudo sério.

Sim, enfrentamos uma crise de serviço. Mas como isso pode acontecer?

O serviço está presente em todos os aspectos de nossa vida, desde o momento em que nascemos. Entramos neste mundo totalmente dependentes de outras pessoas para nos servir com comida, roupas, abrigo, cuidados médicos, educação e afeto. Por mais tempo que qualquer outra espécie na Terra, os jovens dependem do serviço constante de pais, professores, médicos e líderes comunitários.

À medida que crescemos, vamos trabalhar, nos tornamos profissionais e conseguimos emprego, ganhando dinheiro e construindo nossas carreiras no serviço bem-sucedido aos outros. Quando nos tornamos pais, somos provedores de serviços para a próxima geração. E, quando nos tornamos cuidadores de nossos próprios pais, os papéis se invertem, e passamos a ser prestadores de serviço àqueles que primeiro nos serviram.

Vivemos e trabalhamos em um mundo totalmente impregnado de serviço. No comércio, isso inclui atendimento ao cliente e colegas que prestam serviços internos. Temos serviço de beira de estrada, de *desk-side*, de balcão, de entrega e de autoatendimento. Em nossas comunidades, dependemos do serviço civil, do serviço público, do serviço governamental, do serviço militar e do serviço estrangeiro. Quando nos reunimos em um culto, isso é chamado serviço religioso, e, quando alguém morre, há um serviço memorial.

O serviço está ao seu redor; está em todos os lugares onde você vive e para onde olha. Ainda assim, há grande desconexão entre o alto volume e a baixa qualidade do serviço que experimentamos todos os dias. Na verdade, há dupla catástrofe em nossa vida que faz muito pouco sentido. Em primeiro lugar, muitos indivíduos e organizações são incapazes de fornecer serviços consistentemente satisfatórios a consumidores, clientes e colegas. E, em segundo lugar, muitos provedores de serviços reclamam sem parar de trabalhos que não gostam de fazer.

Com o serviço em toda a nossa volta e sendo parte tão importante de nossa vida diária, por que não o fazemos da melhor maneira? Por que o serviço está nesse estado abismal? Qual é o problema? De fato, existem dois problemas.

Problema 1: Serviço é Considerado Servil

"O cliente é o rei" implica que o provedor de serviço não o é. *Servir* vem da palavra latina para "escravo", o que dificilmente é uma proposição atraente. Não é de espantar que até o vocábulo *serviço* seja evitado por muitos profissionais. As pessoas querem ser o chefe, o líder, o gerente, o legislador – não o servo humilde.

Em escala comercial mais ampla, não ajuda que o "serviço de atendimento ao cliente" seja visto, com frequência, como um mal necessário, colocado, como o vagão de um trem, no final da cadeia de valor da empresa. É o lugar ao qual as pessoas só vão quando as coisas dão errado, onde os clientes irritados são vistos e ouvidos, onde os prestadores de serviço labutam até não aguentarem mais e onde os custos devem ser cortados, contidos e atribuídos a outras funções da companhia.

Essa interpretação desatualizada é operacional, econômica e emocionalmente contraproducente.

Inúmeras organizações e estudos têm provado que clientes leais são mais lucrativos que a rotatividade deles, e que um melhor atendimento é a chave para reter nossos melhores clientes. Além disso, um posicionamento superior do serviço permite preços e margens mais altos, e o valor para o acionista tende a crescer de acordo com a reputação de serviço de uma empresa no setor. Também é verdade que, quando os membros da equipe estão associados à excelente organização de serviços, seu orgulho é mensurável; os funcionários ficam mais engajados, mais produtivos e mais comprometidos com a organização. Organizações de serviços edificantes simplesmente atraem, desenvolvem e retêm os melhores talentos. As pessoas querem trabalhar e se associar a organizações que se distinguem pela excelência em serviço.

Com esses benefícios tão reconhecidos e claros, por que melhorar e manter um ótimo serviço é um objetivo tão difícil de alcançar? Há outro problema.

Problema 2: O Mundo do Serviço está Mal Mapeado

Olhe para qualquer ramo da atividade humana e você encontrará termos que as pessoas da área usam e entendem. Médicos e enfermeiros se referem às pressões sistólica e diastólica. *Chefs* e cozinheiros usam os termos *branqueamento* e *cortes inferiores*. Carpinteiros trabalham com treliças, vigas, prumos e longarinas. Todas as áreas bem desenvolvidas da atividade humana apresentam termos reconhecidos por expressar ideias e princípios comumente aceitos em seus universos. São as chamadas *distinções linguísticas fundamentais*.

Mas o mundo do serviço, e a contínua melhoria dele, não tem essa linguagem comum. Todo o domínio sofre de clichês fracos, distinções pobres e senso comum impreciso. "O cliente sempre tem razão", em geral, está errado. "Vá além" é um mau conselho quando o cliente deseja o cumprimento exato do que foi prometido. "Servir aos outros da maneira como você gostaria de ser servido" é bem-intencionado, mas equivocado. Um bom atendimento não tem a ver com o que você gosta; diz respeito ao que outra pessoa prefere. Acadêmicos de serviço criaram muitos termos significativos: *modelos de lacuna*, *preferências de canal*, *pontuações de promotor* e muito mais. Mas estes não se tornaram amplamente compreendidos entre os milhões de provedores de serviço em todo o mundo.

Domínios bem desenvolvidos da atividade humana também apresentam *práticas padronizadas* que fornecem resultados previsíveis e confiáveis. Pilotos pousam aeronaves com segurança seguindo listas de verificação [*checklists*] cuidadosamente documentadas. Contadores concluem as auditorias seguindo uma revisão passo a passo de contratos, resoluções e documentação de suporte. Eventos religiosos seguem rotinas e tradições consagradas pelo tempo. E equipes esportivas competem de acordo com as regras de jogo aceitas.

Cultura Confusa

Mais uma vez, no entanto, o mundo da melhoria contínua do serviço – e da construção da cultura do serviço –

tem batalhado sem uma maneira comprovada de trabalhar. Sofremos com a falta de princípios fundamentais, processos eficazes, modelos acionáveis e estruturas para nos guiar com sucesso ao longo do caminho.

Então, Qual é a Solução?

Primeiro, devemos transformar a visão ultrapassada de que servir aos outros nos torna subservientes, subordinados ou servis. Serviço é fazer algo para criar valor para alguém. E essa é a essência de todo negócio, organização e carreira de sucesso. A excelência em serviço traz orgulho para as equipes de serviço e aumenta a sensação de realização e satisfação dos provedores de serviço pelo trabalho que fazem. A excelência em serviço em casa e em nossas comunidades torna nossa vida mais gratificante e mais agradável. Longe da subserviência, prestar serviço de excelência aos outros é a razão essencial de estarmos vivos e juntos aqui na Terra. Engrandecer o que você faz por outras pessoas é a chave para engrandecer a si mesmo.

Em seguida, precisamos de um caminho comprovado, um mapa e uma metodologia que funcione, com princípios fundamentais a serem aplicados em todas as situações de serviço. Precisamos de práticas que forneçam, de maneira consistente e confiável, valor de serviço em nossa vida profissional e pessoal. Precisamos de uma linguagem de serviço comum para comunicar, de maneira efetiva, nossas visões, nossas expectativas e as promessas que fazemos uns aos outros. Precisamos ensinar as pessoas a pensar no serviço não apenas como um procedimento a seguir, mas como uma atitude de engajamento intencional e comunicação proativa que leva a um comportamento produtivo. Precisamos de líderes que modelem o serviço em todos os níveis de uma organização. E precisamos de uma arquitetura que ajude qualquer grupo de pessoas a criar uma cultura autossustentável de excelência em serviço. Um grupo apaixonado de pessoas com opinião similar e compromisso com a ação pode e irá transformar nosso mundo.

Cultura em Sintonia

Imagine esse mundo agora. Imagine um mundo em que todos são incentivados e incentivam. Imagine um mundo em que a intenção comum não é só resolver problemas, mas também elevar e inspirar os outros. Imagine um mundo em que as pessoas medem seu sucesso pelas respostas que recebem, não pelas ações que realizam. Imagine um local de trabalho no qual tarefas e projetos não são considerados completos até que alguém tenha ficado surpreso ou fascinado. Imagine um mundo em que há pessoas comprometidas a elevar o espírito e a prática do serviço porque é o que realmente querem fazer, não apenas porque foram solicitadas, porque receberam ordens ou foram pagas para isso. Por fim, imagine uma organização – sua organização – verdadeiramente mais animada, com todas as pessoas totalmente engajadas, encorajando-se mutuamente, melhorando a experiência do cliente, tornando a empresa mais bem-sucedida e contribuindo para a comunidade como um todo.

O Que Este Livro Fará por Você

Este livro revela o poder da excelência em serviço e as etapas que você pode seguir para construir uma cultura sustentável que todo dia entrega um serviço como esse. Responde a perguntas sobre a melhoria contínua do serviço e elimina muitos equívocos. Põe em destaque empresas e pessoas em todo o mundo que fazem do serviço sua principal prioridade, desfrutando de ótimas recompensas e reputações. Fornece os *insights* de que você precisa para começar a elevar sua organização – e sua própria perspectiva.

Ele o levará a um caminho testado para um serviço verdadeiramente de excelência. Este caminho funciona se você atende clientes externos ou colegas internos, de modo individual ou como parte de uma equipe, em qualquer função e em qualquer nível de uma organização. As ferramentas e práticas expostas neste livro tiveram eficiência comprovada nos mais diversos contextos que você possa imaginar: negócios, governo, comunidades e famílias; em cada continente; e em muitas línguas.

No mundo inteiro, pessoas como você estão dando passos práticos para compreender melhor seus clientes, criar experiências mais positivas, gerar mais valor, aprofundar a lealdade e construir relacionamentos de longo prazo para o futuro. No mundo todo, pessoas também estão procurando novos caminhos para desfrutar de seu trabalho de maneira mais plena, para se entenderem com os colegas com mais facilidade e se sentirem melhor acerca de seus clientes e de si mesmas. O caminho para alcançar esses importantes objetivos profissionais e pessoais passa pelo fornecimento de mais excelência em serviço.

Ao seguir os passos apresentados neste livro, você vai obter mais sucesso em seu negócio e desfrutar de mais satisfação na vida. Vai se sentir melhor em relação às pessoas a quem presta serviços e ao indivíduo no qual está se tornando.

Bem-vindo ao novo mundo da excelência em serviço.

PARTE UM

POR QUÊ?

Capítulo 1

Jornada para uma Nova Cultura

Era a oportunidade pela qual ele tinha esperado a vida inteira – viajar cruzando o oceano para descobrir um novo mundo e uma nova maneira de conduzir os negócios. Então, lá estava ele sentado, olhando para a escuridão, enquanto a família dormia em um quarto próximo, a bolsa com o único terno que tinha pousada aos pés. Folheava as páginas vazias do passaporte à medida que esperava. Por fim, apareceram faróis no acesso da garagem, avançando devagar em direção à casa.

É claro que essa oportunidade deixava orgulhosa a família do rapaz, em especial a mulher dele – embora ela fosse ficar em casa com os filhos pequenos, na espera ansiosa do retorno dele. Orgulhoso estava o pai, que havia trabalhado tanto para dar ao filho uma vida melhor. E a oportunidade também deixava orgulhosa a mãe do rapaz, pois ela acreditava, desde o dia em que o filho nasceu, que ele estava destinado a coisas melhores.

No carro, a caminho do aeroporto, o rapaz lembrou-se da infância simples – manhãs geladas em que aquecia as mãos num fogão a lenha. Lembrava-se das reuniões de família, quando as gerações se misturavam compartilhando histórias e lendas, e se viu sentado em sua pequena sala de aula, sonhando acordado com mundos novos.

Quando o carro entrou na cidade grande, o rapaz reparou nas pessoas de cara feia, com a pobreza nos olhos. Passou por fachadas com grafites pintados com *spray* e vitrines protegidas por finas barras de aço, única barreira entre os lojistas e os ladrões. Em uma vitrine surrada, uma placa gritava: "VENDENDO TUDO! DEIXANDO O NEGÓCIO DEPOIS DE QUARENTA ANOS".

"Triste", pensou o rapaz. "Para onde foi a prosperidade?"

O aeroporto estava congestionado e caótico. Buzinas de carros tocavam. Pessoas corriam. Ônibus abriam caminho à força entre o pandemônio. Era um loucura. O taxista parou bem antes da entrada e disse: "Vai ter de andar. Não vou perder meu tempo nessa bagunça".

No aeroporto, os passageiros se amontoavam em filas que se estendiam por corredores estreitos que pareciam intermináveis. O rapaz ainda nem deixara o país natal, mas já se sentia consumido pela anarquia – a educada natureza civil de sua juventude esmagada pela dura realidade de tempos econômicos difíceis. Os viajantes disputavam de maneira grosseira um lugar na fila do portão de embarque. Todos estavam ansiosos.

Agentes e funcionários do aeroporto também estavam ríspidos. Parecia que sua maior preocupação era simplesmente tocar o rebanho de gente o mais depressa possível. Repetiam seu mantra: "Continuem andando". O rapaz deixou que os agentes o orientassem e conservou a mente concentrada na tarefa mais imediata – deixar aquele caos para trás como a pior experiência de aprendizado da vida.

"Você!", gritou o agente do portão, apontando para o rapaz e acenando com urgência. "Me dê os documentos!" E o rapaz obedeceu, disposto a não deixar nada atrapalhar o embarque no avião. Não se importava com a grosseria com a qual era tratado, com o tempo que tinha de ficar na fila, com o esforço que precisava fazer para manter a compostura ou como precisava ser decidido para defender sua vez. Era o tipo de turbulência e desordem que ele esperava que não existissem no novo mundo. E, como já tinha ouvido histórias, não conseguia parar de se perguntar: "Será que existe mesmo esse tal novo mundo e uma cultura mais atenciosa?".

"O que aconteceu com a ideologia do respeito?", o jovem se perguntou. "O que aconteceu com a generosidade e a compaixão humanas?" Ele se lembrava do homem gentil e prestativo, dono de uma pequena mercearia na cidade onde cresceu. Lembrava-se da lealdade inabalável da mãe e de como não fazia compras em nenhum outro lugar. Sorriu ao se lembrar dos anos em que trabalhou naquela loja depois da escola, ajudando clientes, carregando sacolas e sorrindo com os colegas de trabalho ao pegar os mantimentos que as pessoas pediam.

"Seu voo está embarcando", disse o agente do portão em voz alta, tirando o jovem do devaneio. O rapaz ficou na fila até chegar sua vez no balcão. Observou o agente conferir seu nome, Todd Nordstrom, no passaporte e no cartão de embarque. Todd entrou no avião em silêncio.

Ao contrário de tantas histórias ao longo dos tempos, nas quais jovens de partes menos desenvolvidas do mundo viajam para o Ocidente, para a Europa e para a América do Norte em busca de uma vida melhor, esse relato segue uma nova maré, virando em outra direção. Vinte e uma horas após deixar para trás a América do Norte, o avião pousou, e as portas se abriram. Uma lufada de ar fresco encheu a cabine, e esse jovem entrou no novo mundo.

Tinha ouvido as histórias, mas a realidade o dominou. O aeroporto não se parecia com nada que tivesse visto antes. Os tetos eram tão altos quanto o céu. E, embora fosse meia-noite, o prédio estava iluminado para parecer meio-dia. As passarelas eram largas o suficiente para serem estradas e estavam limpas – nenhum vestígio de lixo. Plantas e flores exuberantes envolviam laguinhos onde nadavam peixes exóticos. As famílias se reuniam e posavam para fotos. Enquanto seus olhos e ouvidos se enchiam de admiração, Todd encontrava sorrisos que o cumprimentavam a cada passo.

"Bem-vindo, senhor", disse um funcionário do aeroporto. "Posso ajudá-lo em alguma coisa?".

"Acabei de sair do avião", Todd respondeu.

O funcionário do aeroporto riu. "Deve estar cansado", disse ele. "De onde veio?" "Dos Estados Unidos", respondeu Todd. "Embarquei em Los Angeles."

O funcionário do aeroporto deu um grande sorriso e reparou na etiqueta de bagagem que pendia da bolsa de viagem. "Bem-vindo a Singapura, sr. Nordstrom. Estamos felizes em tê-lo aqui."

Em Busca da Excelência em Serviço

Este sr. Nordstrom não é parente do varejista icônico que compartilha seu nome – marca de varejo lucrativa, muitas vezes usada para ilustrar o poder de um excelente atendimento ao cliente. Na verdade, ele não é, em absoluto, especialista em atendimento ao cliente. É um amigo meu, típico jovem empresário, curioso sobre a conquista do sucesso. Tem curiosidade de saber como outros fizeram isso acontecer. Suas visões do mundo são limitadas apenas pelo que ele já sabe.

Convidei Todd para me visitar em Singapura. Queria que experimentasse, em primeira mão, o que aprendi nesse país e em outras partes do mundo. Queria mostrar a ele o que era possível – e mudar para sempre suas percepções.

Este não é um livro com histórias emocionantes de fantástico atendimento ao cliente no Ritz-Carlton, na Disney ou na Singapore Airlines. Esses provedores de serviço icônicos conquistaram e merecem seu prestígio e sucesso comercial. Mas o serviço não é apenas o ato de tratar bem os clientes. Há uma definição e um papel maiores para o serviço que podemos desempenhar em nossa vida e em nosso mundo. Este livro lhe mostrará como criar esse mundo.

Qual é a verdadeira definição de serviço? O que significa criar uma cultura da excelência em serviço? Quais são os benefícios – para clientes, colegas e comunidades – de construir uma cultura de serviços inspiradora? E, mais importante, que iniciativas você pode tomar agora para trazer esses benefícios para sua vida?

Todas essas perguntas serão respondidas ao longo deste livro. E, embora você pense que já sabe as respostas, ficará espantado com o que vai aprender e fascinado com o que vai descobrir. Verá como o serviço se diluiu no chato clichê que chamamos "atendimento ao cliente". E vai perceber que empresas globais, comunidades, governos e a humanidade em geral estão agora testemunhando o nascimento de nosso verdadeiro potencial de serviço.

Serviço não é apenas uma reação a um pedido. Não é um departamento que responde a reclamações. Serviço não é uma política da empresa. Não é um procedimento-padrão.

Serviço é mais que isso – é um portal para realização, satisfação e prazer. É uma curiosidade de ouvir com atenção e apreciar os outros, um compromisso de agir e criar valor. Serviço é uma contribuição que afeta todos os negócios, setores, culturas e pessoas, incluindo você. Para entender o verdadeiro impacto da excelência em serviço, precisamos olhar além do balcão, da internet ou do telefone. Precisamos buscar exemplos e *insights* em todo o mundo.

Por Que Serviço? Por Que Singapura?

Singapura é uma ilha única e extraordinária ao sul da China. É pequena – cerca de 725 quilômetros quadrados de massa de terra, com menos de 6 milhões de residentes e menos de uma hora de carro de costa a costa. Ainda assim, o país é um dos mais importantes centros financeiros do mundo. Abriga um dos portos marítimos mais movimentados do planeta. Ano após ano, é classificado como um dos melhores lugares para viver e fazer negócios, e tem se mantido como a economia que mais cresce no mundo.

A principal porta de entrada para Singapura é o aeroporto. Não é um aeroporto comum. Na realidade, é o aeroporto mais premiado do mundo e tem extraordinário impacto em todo o país.

Como pode um aeroporto ter tamanho impacto – em especial numa nação com tão boas credenciais? Retroceda à Singapura do início dos anos 1990 e terá um quadro muito diferente do país. Singapura tem alguns outros recursos naturais além do povo e da localização estratégica. Nas décadas de 1980 e 1990, a base manufatureira do país estava se mudando para a China, onde a terra era vasta, e a mão de obra, barata. Tarefas administrativas estavam sendo terceirizadas para a Índia e outros locais de baixo custo. O sistema educacional estava voltado a dar suporte à base manufatureira, com treinamento de garantia de qualidade e modelos de negócios.

Singapura podia ver uma oportunidade em indústrias baseadas em serviço nos ramos médico, financeiro, legal, educacional, hospitalar, de entretenimento e varejista, mas os recursos humanos da nação não tinham se desenvolvido para dar suporte a essas indústrias. Os habitantes tinham sido educados para aprender as respostas, passar nos testes, fazer as coisas certas (de primeira), procurar não cometer erros e seguir procedimentos testados. Mas para servir? O que significa isso em uma cultura em que cada um é meticulosamente treinado para seguir confiante as regras?

Esse desafio foi ainda mais profundo. Singapura tem reputação global de vigoroso cumprimento da lei. É muito possivelmente um dos lugares mais seguros do mundo – a não ser que você seja criminoso. Singapura tinha desenvolvido uma cultura estável de cidadãos cumpridores da lei. Como, então, pessoas educadas para explicitamente seguir regras e normas se moldam a papéis que requerem adaptação, criatividade e solução cotidiana de problemas?

Singapura havia se transformado numa nação inteira sabendo seguir muito bem instruções, mas hesitante em seguir um cliente para onde quer que os interesses dele pudessem ter apontado. Funcionários do governo tinham consciência desse enigma. Não deixavam, contudo, de perceber a oportunidade – e a necessidade – de transformação. De fato, guiados pela visão do primeiro-ministro fundador da nação, sr. Lee Kuan Yew, líderes do governo foram, desde o início, guiando o país por entre sucessivas transformações. Hoje, quando muitas partes do mundo lutam com profundos desafios e dificuldades de mudança, esse pequeno país é um exemplo único para estudo. Singapura oferece grande gama de organizações bem-sucedidas, experiências de excelência em serviço e ideias práticas para servir de base ao sucesso.

Quando reivindicou a independência em 1965, Singapura vivia uma época de tensão racial e revés econômico. Em uma terra povoada por imigrantes com mistura potencialmente volátil de etnias, religiões e contextos econômicos, a população e a lei tinham de respeitar diferenças sociais e permitir (quando não exigir) o progresso econômico. Foi uma transformação abrangente e cumpridora da lei.

A localização geográfica do país transformou-o num porto de comércio constante, trazendo viajantes e companhias de todas as partes do globo para fazer negócios, desfrutar de lazer ou simplesmente estabelecer conexões no trânsito para outra parte do mundo. Mas Singapura queria se tornar um importante centro global de criação e troca de valor, não apenas um exótico bazar local, um ponto de trânsito ou um destino regional interessante. Para encontrar seu lugar no mundo mais amplo, o país teve que passar por outra enorme mudança de pensamento e compreensão global de uma ponta à outra da nação.

Então, durante os anos 1990 e entrando no século seguinte, enquanto a economia de baixo custo de Singapura desaparecia e serviços que agregavam valor criavam raízes, chegou o tempo de outra transformação, uma transformação de ação e pensamento criando valor ainda maior para pessoas de uma ponta à outra do mundo – e para o povo de Singapura –, uma transformação de atitudes de comando para a criatividade e de comportamentos de complacência e controle para preocupação e compaixão. Em suma, uma transformação para uma *excelência em serviço.*

Se queremos transformar uma mentalidade, converter uma base industrial, inspirar um amálgama de pessoas diferente e uma nação inteira, por onde começamos? Começamos na entrada. Começamos no aeroporto.

O "Porquê" do Aeroporto Changi

Singapura realizou uma coisa que grande parte do restante do mundo ainda está tentando compreender – há uma crise de serviço que só uma atenção bastante concentrada e uma persistente ação positiva vão resolver. Os negócios se tornaram um conceito humano bastante simples num clichê catastrófico. Os chefes exigem "atendimento ao cliente" de funcionários de primeira linha, como se isso fosse uma medida de desempenho. Continuam cegos ao fato de que o verdadeiro serviço não vem de demandas e *dashboards*, mas de um desejo humano básico de cuidar de outras pessoas. Muitas organizações, com raízes em tarefas e métricas eficientes da revolução industrial, enfiaram o conceito de serviço em departamentos desconectados e o rechearam de mantras sem sentido e retórica reacionária, sem se deterem para entender seu verdadeiro potencial.

"Oh, você quer um serviço?", um empregado pergunta. "Bem, terá de falar com nosso departamento de serviço." Ou: "Você quer algo mais ou diferente? Isso foge da nossa norma". "Não é minha tarefa fazê-lo feliz", diz um gerente. "Fale com os recursos humanos se tem algo a dizer." Um executivo pode até mesmo esclarecer: "Não é pessoal. São apenas negócios".

O que acontece com a lealdade dos clientes quando percebem que alguns funcionários não estão interessados em ao menos tentar deixá-los satisfeitos? O que acontece com os membros de uma equipe quando o chefe não está disposto a dar suporte ou atendimento direto às suas necessidades? E o que acontece com uma organização que não está interessada no bem-estar de seus empregados, de sua comunidade, de sua indústria ou no cumprimento de sua contribuição social? A moral declina, o desempenho sofre, e o serviço avança, em espiral, para baixo.

Mas onde o serviço realmente começa? E onde acaba? Em Singapura, ele começa quando e onde você aterrisa – no portão de desembarque.

Desde seu humilde início em 1981, o aeroporto Changi evoluiu para se tornar padrão global de funcionalidade, estética e serviço. É, atualmente, o sétimo aeroporto mais movimentado do mundo, servindo, impressionando e deliciando mais de 42 milhões de viajantes por ano – isso é mais de sete vezes toda a população de Singapura.

Não falta na área do aeroporto o que é excepcional. Ela está apinhada de amenidades que não existem em nenhum outro aeroporto do mundo, como um jardim de borboletas, piscina ao ar livre, equipamento de *playground* com um escorregador de quatro andares, quartos para uma soneca, tratamentos de *spa* e locais de entretenimento que incluem cinemas, experiências multimídia e *on-line*, além de estações de *video game*.

Parece ótimo, certo? E é. Contudo, é muito mais que uma diversão entre voos. A atmosfera livre de estresse do aeroporto Changi é um oásis tranquilizante onde a pessoa pode relaxar, se reorganizar e reciclar os sentidos. É a chance de se reconectar com os entes queridos, telefonar para casa ou encontrar uma pessoa nova. É um lugar onde podemos encontrar a nós mesmos, sermos nós mesmos.

Da mesma maneira, Singapura é um local onde o mundo também pode se ver. É um país inteiro em apenas uma cidade. É um amplo leque de raças, religiões e culturas, cada uma servindo à outra e, juntas, sendo bem-sucedidas. É um pequeno país numa grande região servindo clientes que vêm do mundo inteiro. É uma mistura de pessoas e línguas recorrendo ao compromisso com uma excelência em serviço que inspira a construção de um futuro melhor. Singapura é um microcosmo do mundo. O que funciona nesse país pode funcionar em sua empresa, sua organização, sua carreira e sua vida. A excelência em serviço também pode funcionar em seu mundo.

A Aventura que se Encontra à Frente

A cada capítulo deste livro, daremos mais um passo no caminho já testado para um mundo em que o serviço tem o poder de edificar, deliciar e inspirar.

Começaremos pelo aeroporto Changi e descobriremos *por que* Singapura adotou a excelência em serviço nessa importante porta de entrada.

Depois, viajaremos pela infraestrutura de duas outras organizações sediadas em Singapura, a NTUC Income e o Marina Bay Sands. A primeira é a maior companhia de seguros da nação, cuja missão e visão de serviço são muito especiais. A segunda é um novo e integrado *resort* numa jornada para a magnificência global, acelerando sua *performance* no negócio e ativando o potencial humano com uma cultura de serviços inspiradora.

Deixaremos as fronteiras de Singapura para visitar organizações de excelência em serviço e destinos ao redor do globo – Nokia Siemens Networks, com clientes de telecomunicações em mais de cem países; Royal Vopak, com sede na Holanda, mas presença global no armazenamento de petróleo e instalações de manuseio de produtos químicos; Xerox, nos Emirados Árabes Unidos; e Wipro, usina geradora de TI e consultoria com sede na Índia e servindo clientes do mundo inteiro com vantagem competitiva centrada no cliente.

A excelência em serviço transforma pessoas, equipes e organizações inteiras. Tenho testemunhado em primeira mão seu poder e seu impacto. E ao longo do caminho reuni *insights*, entrevistas, melhores práticas e estratégias das mais bem-sucedidas culturas de serviço do mundo, bem como dos inovadores e dos líderes. Você encontrará esses líderes e descobrirá os desafios que eles superaram e as recompensas que alcançaram. E, pela primeira vez, a arquitetura essencial que usam para construir uma cultura da excelência em serviço será revelada para que você também possa usá-la.

A excelência em serviço não é apenas um mantra dos negócios; é uma atitude de transformação. É uma poderosa força motriz de engajamento, lealdade e confiança. É um acelerador, um conector e um movimento. E é o único aspecto dos negócios que abastece e estimula o espírito de cada pessoa a criar uma vantagem sustentável, um melhoramento contínuo, um desenvolvimento edificante da *performance*, da paixão e do potencial das pessoas.

Como a visão que Todd Nordstrom tem do mundo e do serviço depois que me visitou em Singapura, sua compreensão e percepção estão prestes a mudar para sempre.

Capítulo 2

A Porta de Entrada para a Possibilidade

Eram nove da noite em Minnesota. Era janeiro, e a temperatura estava 30 graus Celsius abaixo de zero – um lembrete, de congelar os ossos, da ocasional crueldade da Mãe Natureza. A maioria das pessoas estavam aquecidas e seguras em casa, aconchegadas diante da TV vendo um filme. A não ser, é claro, que houvesse alguma coisa mais intrigante a descobrir.

Quatro adolescentes ignoravam o frio penetrante daquela noite. Estavam juntas no carro, numa jornada de mudança de vida. Uma delas, Amanda, de 16 anos, era uma estudante e líder de torcida. Estava ansiosa porque as amigas a estavam pressionando a fazer uma coisa que nunca fizera antes, algo que ela não compreendia. "Você tem de tentar", diziam elas. "Todo mundo legal faz isso."

Pararam em fila dupla num estacionamento mal iluminado. Amanda respirou fundo e seguiu as amigas a um local não familiar, abarrotado de gente, onde ela não demorou a encontrar conforto ao ficar atrás delas numa fila. As amigas começaram a usar termos que ela não compreendia, e Amanda ficou aterrorizada quando chegou sua vez. "É minha primeira vez", disse ela. "Não sei o que devo fazer."

O rapaz que a encarava sorriu. "Bem, então me deixe ser o primeiro a apresentá-la ao Starbucks."

Desde essa noite fatídica, Amanda se tornou superfã do Starbucks Coffee. Uma década mais tarde, ainda pode ser encontrada tomando café fumegante no Starbucks dos arredores – algo que ela um dia achou estranho. Gente jovem tomando café? Seja como for, quem toma café à noite? Ao que parece, muita gente.

Mas não foi a cafeína que a atraiu – Amanda prefere café descafeinado. O Starbucks fisgou Amanda com outra coisa. Está bem documentado que os fundadores da empresa quiseram criar um local para conversa e cultivo de senso comunitário, um terceiro local onde os clientes pudessem relaxar e se conectarem além da casa e do trabalho. Criaram um lugar com ambiente convidativo, cadeiras confortáveis, vibração descolada e ótima música (mas não alta demais). Seria o lugar perfeito para você desfrutar de uma conversa, ler um livro ou fazer algum trabalho com uma deliciosa bebida para estimulá-lo a continuar. Essa experiência é que faz os clientes voltarem ao Starbucks. Mas a trama que faz a pessoa atravessar a porta pela primeira vez não é a experiência do Starbucks. Não é o café. Não é nem mesmo a propaganda. É mais que isso. É a inspiradora resposta do Starbucks a uma pergunta essencial: "Por quê?".

"Por quê?" é uma poderosa pergunta na psique humana. Abre novas perspectivas e novas possibilidades para indivíduos, negócios, governos e todo o gênero humano. É uma poderosa pergunta que nos permite analisar a razão, explorar o propósito ou descobrir a causa mais profunda. É uma porta de entrada para aprendermos a crescer, a realizar, a motivar, a diferenciar, a encontrar uma posição e assumi-la ou descobrir um propósito. Se não fizermos essa pergunta, alguns portões nunca se abrirão.

Consideremos mais uma vez o aeroporto Changi – por que construir um jardim de borboletas? Não acho que um dia um funcionário do aeroporto tenha aberto a caixa de sugestões e encontrado um pedido: "Eu realmente gostaria de ver filas mais curtas, despacho mais rápido da bagagem, mais táxis e um jardim de borboletas". Mas o aeroporto Changi construiu um dos mais deliciosos jardins de borboletas do mundo, com uma profusão de plantas florescendo, folhagens exuberantes e uma queda-d'água interior.

Os visitantes do aeroporto podem testemunhar a beleza não só de meia dúzia de borboletas, mas de centenas. Fique um momento parado e uma borboleta vai pousar em seu ombro, as asas delicadas o acariciando com suas cores. É de tirar o fôlego.

Borboletas em um Aeroporto?

"Por que borboletas?", Todd Nordstrom me perguntou enquanto circulávamos pelo aeroporto Changi.

Não pude deixar de sorrir com a pergunta. "Por que uma piscina? Por que um escorregador de quatro andares?", respondi. "Todos têm alguma coisa de pessoal, deliciosa e inesperada."

Ele ficou mudo.

"Você tem noção de como sua pergunta é profunda?", questionei. "Que sensação está tendo, nesse momento, sobre este aeroporto? O que está sentindo em relação às pessoas que trabalham aqui e acerca de Singapura?" Ele respirou devagar, profundamente, e, quando relaxou, um sorriso se espalhou em seu rosto.

Pensem como um serviço fascinante faz você se sentir. Imagine como se sente quando um auxiliar de uma loja de varejo dá extrema atenção a você. Imagine como se sente quando um mecânico interrompe o trabalho para falar sobre como você pode poupar seu dinheiro ou quando um gerente de banco reserva um tempinho para lhe explicar as diferenças entre contas, serviços e tarifas. Imagine como se sente quando um colega o ouve com atenção e, em seguida, lhe dá como resposta o que você precisa de fato.

"Por quê?"

Por que as lojas de Nordstrom têm pianistas ao vivo tocando pianos de cauda? Por que o Google permite que seus funcionários andem de lambreta no local de trabalho ou os alimenta com uma fantástica variedade de comida gratuita? Por que a New Belgium Brewing, uma cervejaria do Colorado, fabricante da cerveja Fat Tire, oferece incentivos a empregados que usem suas bicicletas, caminhem ou façam *cooper* para chegar ao trabalho? Por que a Microsoft manda funcionários estratégicos trabalharem em tempo integral, durante meses, em organizações de caridade, sem tirá-los da folha de pagamento da empresa?

Tudo isso são iniciativas de serviço – concentradas em atender um público diferente. Elas têm como alvo clientes, empregados, a comunidade ou o meio ambiente. Mas por que servir outras pessoas? Por que concentrar sua atenção e suas ações nas necessidades, nos desejos, nas preferências e nas curiosidades de outras pessoas?

É simples. O serviço cria valor, que se estende em todas as direções. A excelência em serviço inspira todo mundo.

A Porta de Entrada: Por Que Excelência em Serviço?

"Nossa visão são vidas conectadas", diz o sr. Foo Sek Min, vice-presidente executivo da administração do aeroporto Changi. "Aeroportos costumam ser locais estressantes. Nosso objetivo é remover o estresse. Nossa cultura de serviço deve motivar todas as 200 organizações que operam aqui. A experiência de todos tem de estar em sintonia com o serviço que providenciamos aos passageiros – com as pessoas, com o processo, até mesmo com o equipamento."

O sr. Foo não está falando apenas de conectar pessoas, processos e equipamento no aeroporto. Está falando sobre conectar pessoas, processos e equipamento a um propósito mais elevado, a uma razão maior e a uma causa mais essencial. Está falando sobre conectar as pessoas ao país de Singapura e sobre conectar Singapura às pessoas e às organizações de muitos outros lugares. Os funcionários do aeroporto Changi estão conectados. Os clientes estão conectados. O país está conectado. O que é valioso em todos os sentidos – para todos.

Isso pode parecer ideológico. Pode, inclusive, parecer inatingível para muitas pessoas e organizações. E muitas empresas, encarando a mentalidade de serviço do aeroporto Changi como algo excessivamente permissível, ou um tanto chocante, vão comentar: "Isso nunca funcionaria conosco".

"Por quê?"

Todos têm um passado a superar ou uma atitude corrente que diz "sempre agimos assim", o que torna difícil mudar de página. Por causa da reputação de uma estrita observância da lei em Singapura, o país ganhara o apelido de "Singabore", Cidade Chata.* Mas olhe hoje o país – a comunidade inteira está quebrando os moldes de processo estéril e serviço burocrático. Sem dúvida, isso se tornou um fenômeno internacional. Excelência em serviço é a essência da cultura comercial do país e sua contribuição. A paixão de Singapura é criar e inovar, é estar sempre encontrando novos meios de melhorar e pôr em destaque o serviço da nação para o mundo.

No entanto, Singapura não é o único divisor de águas. Zappos não foi a primeira empresa a vender sapatos *on-line,* mas, por causa da reputação de ter atendimento maluco, porém sincero, ao cliente, a organização capturou a atenção dos holofotes do mundo. O Starbucks, por certo, não foi a primeira e única cafeteria, mas outras companhias tentaram imitar, repetidas vezes, sua experiência. E, embora Disney não tenha sido o primeiro parque de diversões, é, com frequência, a primeira empresa que vem à mente de crianças e famílias no mundo inteiro.

---

* *Bore* equivale a *boring,* isto é, tediosa, chata. (N. do T.)

Empresas e organizações podem ignorar e mudar o *status quo* fazendo e respondendo a três vigorosas perguntas, todas começando com "por quê?". Por que melhorar seu serviço? Por que construir uma cultura da excelência em serviço? Por que construir uma cultura de serviço inspiradora que promove o desempenho e o lucro enquanto eleva o astral de todos os envolvidos: clientes, colegas e até mesmo comunidades inteiras?

A grande oportunidade não está em apenas compreender as razões, os propósitos ou as motivações de outras companhias. Está em descobrir suas razões, seu propósito e sua causa – dar início à própria revolução de serviço justo onde você está.

Você está tentando superar determinado obstáculo? Está tentando atrair, contratar e manter grandes funcionários? Está buscando uma vantagem comercial sustentável? Está tentando agradar aos clientes, aos colegas e talvez a si mesmo?

Qual é a sua porta de entrada para novas possibilidades? Por que empregados, investidores, vendedores, membros da comunidade e clientes serão todos atraídos pelo seu fascínio?

Por que Melhorar seu Serviço?

Defino *serviço* da seguinte maneira:

Serviço é fazer algo para criar valor a alguém.

Estas são palavras simples, mas poderosas. Deixam, contudo, uma névoa para a interpretação sobre se o serviço é bom ou não, quer o valor seja alto ou baixo. Uma empresa de limpeza de carpetes oferece um serviço. Sem dúvida, isso não significa que forneça um bom serviço. Mas no mínimo você espera que a sujeira seja removida de seu carpete. Se os funcionários da empresa não a removem, dizemos que a companhia não forneceu o serviço. Por fim, ninguém mais quer contratar a companhia, e ela sai do negócio.

No entanto, se a mesma companhia fica acima e além de suas expectativas – para sua surpresa e prazer –, os clientes dizem que é uma grande provedora de serviços. Por fim, mais gente fala sobre a companhia, adquire seus serviços e espera ansiosamente interagir com ela. Crescendo a reputação dela como prestadora de serviços, os negócios também crescem.

Há, contudo, uma visão estreita o bastante para só ver o serviço em termos de transações, colegas e clientes de negócios. Um amigo fornece o serviço da amizade. Uma mãe atende à filha. Um empregado fornece serviço ao seu empregador. Uma companhia pode servir à comunidade. O governo fornece serviço ao povo. Uma nação pode fornecer serviço a outras nações. A lista continua, e, em cada situação mencionada, os papéis de receptor e provedor de serviços poderiam ser trocados. Todas essas são relações de serviço com o valor fluindo em ambas as direções.

O ponto é este: todos nós viemos para este mundo dependendo de outra pessoa para cuidar de nós, para nos servir. Quando crescemos, outras pessoas dependem de nós para servi-las. Todos nós recebemos e fornecemos serviço para viver.

Então, por que serviço? É uma necessidade. Você pode dizer, como eu, que serviço é a razão pela qual estamos aqui.

Por Que Construir uma Cultura de Serviço?

Quer se dê conta ou não, você participa de uma coleção de culturas de serviço. A questão é: como suas culturas de serviço se parecem, como soam e que sentimento têm?

No nível mais básico, uma cultura de serviço significa que todos em nossa equipe, em nosso grupo ou em nossa empresa compartilham um conjunto de atitudes, objetivos e práticas que caracterizam o valor que você oferece e o meio como entrega seu serviço. Se você é uma empresa que limpa carpetes, sua equipe está concentrada apenas em remover a sujeira? Ou cada um está empenhado em tornar sua empresa a preferida para a limpeza de carpetes? No primeiro caso, você consegue que o trabalho seja feito com a maior rapidez possível e depois vai embora. No segundo, você dá palpites e sugestões, coloca os móveis na posição original e talvez chegue a desenrolar um pequeno tapete vermelho quando o cliente inspecionar o trabalho que você executou.

O ponto é que atitudes, objetivos e práticas compartilhados de sua equipe caracterizam o valor do serviço que você fornece e definem sua cultura de serviço hoje.

Por que Construir uma Cultura da Excelência em Serviço?

Em uma cultura da excelência em serviço, as pessoas ganham compreensão mais profunda de si mesmas, de seu propósito, de seus relacionamentos e de suas possibilidades para hoje e para o futuro. É onde indivíduos e organizações podem realizar seu pleno potencial.

Em uma cultura da excelência em serviço, o caráter e o valor do serviço que fornecemos nos elevam e nos inspiram – e elevam as pessoas à nossa volta. Elevam padrões, atitudes e expectativas; elevam as percepções, as práticas, os processos e os produtos de empregados e líderes, colegas e clientes, vendedores, parceiros, reguladores, fornecedores e comunidades inteiras – todos tocados pela cultura e, portanto, contribuindo com ela.

E aqui está a melhor parte de construir e estimular uma cultura da excelência em serviço: ela não é um destino. Está sempre mudando e evoluindo, como um fenômeno orgânico em que todas as pessoas, práticas e processos podem motivar um desempenho ainda melhor, que se amplia e alcança um potencial cada vez mais elevado.

É o aeroporto Changi agindo como porta de entrada a Singapura, com *spas*, escorregadores e borboletas, mostrando ao país e ao mundo o que é possível a cada dia. É a Zappos, com seu comportamento meio maluco, captando a atenção da mídia, energizando os funcionários para que tenham atitudes ainda mais extravagantes em termos de serviço, chamando mais atenção e, por fim, atraindo mais clientes. É o comprometimento da Disney em proporcionar a cada visitante a maior experiência de sua vida. É o Google oferecendo aos funcionários tempo criativo e espaços de trabalho sem restrições – permitindo que a mente deles explore mundos inimagináveis e crie ferramentas *on-line* que mudam o mundo. É o dono da padaria de nossa vizinhança que recolhe rosquinhas que sobraram e as entrega no orfanato da esquina. É a moça arrecadando dinheiro porta a porta em trabalho voluntário para uma associação de combate ao câncer de mama, andando quase 100 quilômetros para ajudar a salvar a vida de uma mulher que ela nem conhece porque sua mãe morreu da doença anos atrás. É um garoto tirando da calçada alguma coisa que vazou de um saco de lixo. E é um homem distinto mantendo a porta aberta não para uma bela mulher, mas para qualquer pessoa que estiver entrando – porque a excelência em serviço é uma bela experiência para qualquer um.

Todos nós servimos, e temos de ser servidos, para sobreviver. Já somos todos, então, membros de uma cultura global de serviços. Mas, até definirmos o valor com o qual nosso serviço e nossa cultura contribuirão neste mundo – até estabelecermos um compromisso deliberado para elevar nossas próprias expectativas, metas e padrões –, deixamos que muitas possibilidades se percam.

Se quisermos crescer, evoluir e progredir neste mundo – como indivíduos, como comunidades ou como civilização humana global –, temos de fazer, todo dia, essa pergunta a nós mesmos: por quê?

Por que servir aos outros? Para obter o que você precisa ou deseja? Por que melhorar o serviço? Para conseguir mais negócios ou para não sair de um negócio? Ou para contribuir para a tranquilidade e o bem-estar dos outros?

Por que contribuir para uma cultura de serviço? Para ganhar um bônus ou uma promoção? Para ficar com uma margem de lucro mais alta ou desfrutar de melhor reputação? Ou por gostar mais, a cada dia, de trabalhar com seus clientes e colegas?

Por que construir uma cultura da excelência em serviço? Para se destacar na multidão ou atrair uma multidão maior? Para dar mais atenção aos clientes, ao espírito dos colegas e ao bem-estar da comunidade? Ou para construir um espírito de serviço mais forte e inspirador no coração de sua equipe, de seu negócio e no seu?

Você está Pronto?

Há hoje no mundo líderes de pensamento e de negócios que responderam a essas perguntas com intenções inspiradoras e resultados impressionantes. O que eles declararam? O que criaram? Como construíram culturas da excelência em serviço cada vez mais edificantes?

Isso não aconteceu por acaso ou por sorte, nem também por carisma pessoal. Eles usaram uma arquitetura comprovada para construir algumas das culturas de serviço mais refinadas no mundo atual. E agora você também pode usá-la.

Você está pronto para criar a própria porta de entrada para a excelência em serviço? Está pronto, onde trabalha e mora, para uma experiência de borboleta que muda o mundo?

Vamos dar o próximo passo juntos. Vire a página.

Capítulo 3

O Caminho Comprovado

Quando tinha apenas 9 anos, um garoto migrou com a família da Lituânia para a Cidade do Cabo, na África do Sul, na esperança de uma vida melhor. Era um entusiasta dos esportes, jogando futebol, praticando natação e levantamento de pesos. Sua história parecia destinada a um final inspirador – um jovem destemido que supera a adversidade para mudar o mundo. Sem dúvida nenhuma, Louis Washkansky fez uma contribuição a nossa vida, mas não da maneira como poderíamos esperar.

Quando atingiu a idade, Louis ingressou nas forças armadas, serviu no tempo da guerra e depois se tornou dono de uma mercearia local. Mas sua saúde declinou violentamente na meia-idade. Ele ficou diabético, desenvolveu problemas no coração e sobreviveu a três ataques cardíacos. O terceiro ataque levou-o ao Groote Schuur Hospital, na África do Sul, onde os médicos pacientemente lhe explicaram que não havia tratamento para sua insuficiência cardíaca congestiva. Ele ia morrer em um prazo razoavelmente curto, e havia pouco, talvez nada, que os médicos pudessem fazer para salvá-lo.

Louis estava disposto a tentar qualquer coisa para salvar sua vida. Havia um procedimento novo e radical que os médicos queriam tentar. Era sua única chance de sobrevivência, mas carregava um nível de risco devastador. O procedimento era invasivo, demorado e nunca fora feito antes. Louis concordou em se submeter a ele, e, de início, o procedimento deu certo. Ele sobreviveu à cirurgia, mas morreu dezoito dias depois, de pneumonia dupla, em decorrência do sistema imune enfraquecido.

A despeito do que possa parecer, isso não foi um fracasso, mas o início de um dos mais dramáticos avanços e inovações da profissão médica. Essa é a história do primeiro transplante de coração humano realizado pelo dr. Christiaan Barnard.

O "por quê" nessa história era óbvio tanto para o paciente quanto para os médicos. O objetivo e o desafio eram claros. E a necessidade de se apressarem era óbvia. A única coisa que ainda não estava clara era "como". O dr. Barnard tinha uma teoria do que poderia funcionar baseado em pesquisa e em outros procedimentos de transplante de órgãos. Aquele, no entanto, era o primeiro transplante de coração humano, e Barnard sabia que Louis Washkansky, como todo ser humano, era único. Havia potencial e haveria problemas.

Esse procedimento de transplante de coração vinha sendo ajustado com precisão e aperfeiçoado na prática desde os anos 1960. Existia, agora, um plano específico guiando os cirurgiões para o transplante bem-sucedido de coração humano de um cadáver para o peito de um ser humano vivo. Contudo, a mais importante barreira que tinha sempre de ser respeitada – e em função da qual o procedimento tinha de ser ajustado a cada momento – era a condição específica de saúde apresentada por cada paciente.

O mesmo se aplica quando uma organização tem por objetivo construir uma cultura da excelência em serviço. Cada organização é diferente. A história do serviço, dos atributos, das expectativas do consumidor, da concorrência e das regulações da indústria vai variar imensamente de uma organização para a próxima. Uma empresa de serviços financeiros, como a NTUC Income de Singapura, não pode construir uma reputação de serviço vitoriosa imitando as palhaçadas absurdas da Zappos dos Estados Unidos. Não faria sentido a Wipro, uma das maiores companhias do mundo na área da tecnologia da informação, construir, como foi feito no aeroporto Changi, um jardim de borboletas em sua sede empresarial. Mesmo em um ramo como o da aviação comercial, a divertida e rendosa cultura da transportadora de carga Southwest não se equipara à luxuosa e rendosa cultura da Singapore Airlines.

Contudo, quando destilamos o que cada uma dessas empresas fez para construir sua cultura de serviço característica, emerge um nítido mapa revelando uma abordagem notavelmente comum, prática e bem-sucedida. Há uma arquitetura comprovada e um mapa de itinerários na engenharia de uma cultura da excelência em serviço que líderes de serviço do mundo vêm empregando há anos. Funciona em qualquer indústria e geografia. Funciona com alta tecnologia [*high tech*] e extenso contato pessoal [*high touch*], tanto na educação quanto em serviços profissionais, associações de indústrias e mesmo em organizações do governo.

E agora estou trazendo essa mesma abordagem comprovada para você construir uma cultura singular e de excelência em serviço em sua equipe, em sua organização, em sua comunidade e em seu mundo.

Uma Receita que Funciona

"Isto não é real", disse Todd Nordstrom, esticando a cabeça para o cinema do aeroporto Changi. "Por que alguém iria querer embarcar no próximo voo? Você pode passar o dia inteiro relaxando por aqui. Isso não é um aeroporto; é uma aventura."

Ele fez uma pausa, deixando os olhos seguirem os muitos viajantes que perambulavam pelo colorido prédio do terminal. De repente, respirou fundo e suspirou. "É muito ruim que nem todos os negócios consigam oferecer essas experiências fenomenais. Eu sei, é claro, que uma companhia motivada pode proporcionar um grande serviço, mas não como esse, com toda essa bela arquitetura e essas incríveis amenidades."

Sorri de novo. "Na verdade, a cultura do aeroporto Changi compartilha exatamente da mesma arquitetura da excelência em serviço de muitas outras organizações de ponta. Sim, mas cada empresa é diferente, e toda indústria e cultura têm meios próprios e únicos de fazer negócios. Venho ajudando líderes a transformar suas culturas de serviço há mais de vinte e cinco anos, e as situações que eles enfrentam são diferentes, mas a arquitetura que aplicam para construir uma cultura da excelência em serviço é exatamente a mesma."

Essa arquitetura é uma receita que funciona. É um *design* comprovado, um meio de planejar equipes e atividades e de criar o futuro. É um caminho testado por pessoas como você e organizações como a sua para satisfazer, de modo consistente, aos clientes, aos colegas e a quem mais você venha a encontrar.

Uma Arquitetura da Excelência em Serviço

O transplante de coração se tornou prática comum, como acontece com muitas iniciativas após anos de tentativa e erro. A Sony criou o toca-fitas portátil (*walkman*), e agora a música toca sem nenhuma fita. A American Express foi pioneira em pagamentos seguros para viajantes com os cheques de viagem (*traveller checks*). Hoje, os pagamentos são feitos de maneira rápida e fácil, por intermédio de inúmeros meios pelo mundo afora. Seguir os rumos indicados em um mapa impresso transformou-se no aplicativo de GPS em seu *smartphone*.

Todavia, quando se trata de construir uma cultura de serviço particularmente forte, a trilha para o sucesso tem sido menos clara. Parece mais fortuita, dependente da paixão de uma equipe ou da personalidade de algum fundador, e, portanto, menos previsível ou precisa. Pelo menos é nisso que muitos acreditam.

Ao longo de duas décadas de experiência com grandes e variadas organizações, tive o privilégio de adquirir novas ideias e construir soluções com alguns dos grandes líderes de serviço do mundo. Com o passar do tempo, reparei que havia uma estrutura comum que descrevia e definia suas ações. Embora cada organização fosse diferente, as circunstâncias variassem e a resposta a "por que o serviço?" não fosse a mesma, as dúvidas sobre "como fazer" tinham consistência notável.

Essa percepção me levou a uma pesquisa mais profunda para analisar os caminhos comuns das organizações. O que, por sua vez, me levou a fazer muito mais perguntas às organizações com as quais trabalhava, coisas relativas a seus programas passados, suas ações presentes e ao futuro que tinham em mente. As respostas me levaram a explorar diversos ângulos e abordagens, a partir dos quais uma cultura da excelência em serviço poderia ser concebida e construída com êxito. Por fim, o trabalho me levou a escrever este livro, revelando os cinco elementos essenciais de uma Arquitetura da Excelência em Serviço, a qual, com o passar do tempo, tem se mostrado operacional e eficiente.

POR QUÊ • LIDERAR • CONSTRUIR • APRENDER • DIRIGIR

Os Cinco Elementos Essenciais de uma Arquitetura da Excelência em Serviço

Esses cinco elementos podem parecer simples, mas compreender e transformar cada um deles em área sujeita a um foco mais preciso será fundamental para o sucesso de nossa empreitada. Ao longo deste livro, focalizarei cada área em detalhe. E vou pedir que você tome iniciativas de ação prática em cada uma delas, para que consiga construir ou melhorar, de imediato, sua cultura da excelência em serviço.

1. Começar no "por quê?"

O capítulo anterior concentrou-se em três questões: Por que melhorar seu serviço? Por que construir uma cultura de serviço? Por que construir uma cultura da excelência em serviço?

Essas perguntas são ferramentas poderosas. É vital que cada pessoa e cada equipe em sua organização pensem com cuidado nelas e responda a elas detalhadamente. As três perguntas introduzem a reflexão, o exame e a consolidação de ideias, levando a objetivos claros e bem definidos.

Pense na Xerox dos Emirados Árabes Unidos como exemplo para a primeira pergunta. A enorme empresa de gerenciamento de documentos tinha uma meta agressiva de quatro anos para dobrar de tamanho e, ao mesmo tempo que aumentava as margens de lucro, crescer mais rápido que o mercado. A companhia usou a excelência do serviço como diferenciador fundamental no competitivo mercado e atingiu seus objetivos apesar do tumulto econômico que punha de cabeça para baixo todos os seus planos.

"Os resultados falam por si mesmos: crescimento de receita acumulada no ano de 32%, crescimento de lucro bruto de 53% e crescimento de lucro líquido de 52%", disse o gerente-geral Andrew Hurt, passados dez meses de um dos anos mais financeiramente difíceis que o mundo já viu.

São resultados impressionantes para uma resposta econômica agressiva à questão fundamental: "Por que melhorar seu serviço?".

Sua companhia pode ter resposta muito diferente. Talvez você queira melhorar o engajamento do empregado, construir equipes de trabalho que desprezem baias de escritório ou atrair e reter melhores talentos. Talvez queira aumentar sua receita de primeira linha, seus lucros finais ou direcionar mais valor aos acionistas. Talvez queira se diferenciar e se colocar acima da concorrência adicionando mais valor por meio de seu serviço ou de uma gama de serviços em expansão. Talvez queira alcançar uma vantagem competitiva sustentável construindo uma cultura da excelência em serviço que produza tudo que foi dito anteriormente.

Seja qual for sua decisão, só encontrará as respostas quando você e sua equipe dedicarem um tempinho para perguntar e responder às três perguntas principais da primeira parte deste livro.

2. Assuma a Liderança

Culturas da excelência em serviço não são construídas com base em políticas estritas ditadas por líderes ou em procedimentos controlados por gerentes. Na verdade, essas culturas crescem quando *criar mais valor por meio de melhor serviço* torna-se o propósito compartilhado em cada aspecto de seu negócio, de suas interações e de suas transações – da sala de reunião até as linhas de frente.

Pense na Parkway Health, uma provedora líder de cuidados de saúde com 16 hospitais e 3.400 leitos por toda a Ásia. Segundo o CEO e diretor-gerente dr. Tan See Leng, "podemos ter a melhor tecnologia e as melhores instalações médicas, mas os pacientes não retornam se o serviço for precário". Ele tem razão. E assim a Parkway Health implantou uma abordagem de cima para baixo e de baixo para cima para melhorar o serviço em toda a organização – construindo princípios de serviço fundamentais para o sistema operacional dos hospitais, enviando todos os líderes, gerentes e chefes de departamento para um curso intensivo de educação para o serviço e certificando destaques do curso para difundir, por toda a organização, para cada membro da equipe da linha de frente, a mesma mensagem da excelência em serviço.

Essa campanha de coordenação permitiu que a empresa em crescimento encarasse os desafios e as novas oportunidades de serviço de modo comum, mas partindo de diferentes níveis e pontos de vista funcionais. E, como essa iniciativa foi promovida, apoiada e lançada, ao mesmo tempo, de cima para baixo e de baixo para cima, a companhia demonstrou que era possível que membros da equipe liderassem a Melhoria de Serviço a partir de qualquer posição e em todos os níveis.

Vamos explorar esse tópico com exemplos e iniciativas que você pode adotar na segunda parte do livro, nos Capítulos 4 a 6.

3. Construir com os Blocos

Sem dúvida, cada organização é única e estruturada de modo diferente das outras. Não obstante, culturas de serviço bem-sucedidas compartilharam foco estrutural similar na tentativa de construir uma cultura da excelência em serviço. Chamo a isso "Os 12 Blocos de Construção". Alguns blocos já podem estar no lugar em sua organização. Outros podem ser fracos e precisar de atenção extra. Outros ainda podem não precisar de atenção agora, mas precisarão no futuro, ou vice-versa. O objetivo, como em qualquer empreitada de arquitetura ou engenharia, é priorizar e, então, organizar, de maneira estratégica, as atividades e os blocos de construção para eliminar a fraqueza e alavancar energia.

A Microsoft é um intrigante exemplo desse desafio em ação. A empresa fornece *software* a bilhões de consumidores e trabalha com uma rede de mais de 700 mil desenvolvedores e parceiros. Tem blocos de construção muito fortes para suportar um fluxo contínuo de lançamento de novos produtos e serviços. Mas até a Microsoft compreende a necessidade de melhorar as experiências de seus clientes e parceiros (CPE*). CPE é uma obra

---

* CPE, Customers' and Partners' Experiences. (N. do T.)

em progresso na Microsoft, pois ela requer mudança em uma cultura de longa data centrada no desenvolvedor e orientada pelas funcionalidades. Em vez de grupos de produto e unidades de negócios lançarem produto com rapidez e depois melhorarem a experiência do cliente reagindo ao *feedback*, a Microsoft está pondo em prática novas atividades para construir uma cultura mais proativa e colaborativa, possibilitando aos funcionários ultrapassarem silos organizacionais e se estenderem pela companhia para criarem, em conjunto, a próxima grande experiência.

Em contrapartida, na Singapore Airlines, atividades em todos os 12 Blocos de Construção foram desenvolvidas, coordenadas e, desde 1969, integradas por sintonia fina a uma forma de arte que produz serviço e lucro extraordinários. Essa cultura da excelência em serviço de alto padrão se integra, de modo consistente, a uma indústria global rotineiramente atormentada por queixas sobre voos cancelados, serviço inconsistente e *performance* financeira instável.

Você aprenderá mais sobre a estratégia e as técnicas dessas duas companhias, e muito mais sobre o que ocorre ao redor do mundo, na terceira parte do livro, nos Capítulos 7 a 18.

4. Aprender a Melhorar

Assim como ler todos os livros de dieta da livraria não o fará perder peso, ler apenas sobre serviço não vai melhorar seu desempenho ou sua cultura de serviço, a menos que mude, de fato, sua conduta. A verdadeira educação para o serviço significa que a pessoa aprende a pensar e a agir de modo diferente no serviço, para que suas ações sempre criem valor a alguém. Para chegar realmente a isso, uma organização requer Linguagem Comum de Serviço baseada em princípios fundamentais de serviço que se apliquem a provedores de serviço internos e externos, em todos os níveis, e em cada unidade de negócios, departamento ou divisão. Mas as lições não são suficientes. Também deve haver exercícios personalizados para as situações de serviço enfrentadas por cada provedor de serviço, incluindo as compras no atacado que passam pela organização para definir as atitudes e práticas da excelência em serviço.

Dê uma olhada na Nokia Siemens Networks. Essa orgulhosa empresa europeia atende a provedores de telecomunicações e parceiros do mundo inteiro, com mais de 60 mil empregados espalhados por 150 países. "Hoje, todos têm acesso à mesma informação", disse o ex-CEO da companhia, sr. Rajeev Suri. "A tecnologia fica obsoleta mais depressa que nunca, e os concorrentes podem replicar tudo, exceto nossa atitude e nossas ações concentradas no serviço. Uma cultura superior da excelência em serviço é o que nos distingue dos concorrentes."

Como se educa uma companhia desse tamanho para alterar sua maneira de agir? Em menos de vinte e quatro meses, a Nokia Siemens Networks enviou 650 membros de seu conselho excutivo e sua Equipe de Liderança Global para oficinas de liderança em serviço mantidas em 14 cidades ao redor do mundo. A Nokia Siemens Networks selecionou e treinou cuidadosamente um grupo de elite de 150 empregados para se tornarem líderes de curso, os quais, então, ministraram um currículo de excelência em serviços a mais de 20 mil de seus colegas, em menos de vinte e quatro meses. E fizeram isso em 12 idiomas, criando uma Linguagem Comum de Serviço usada na companhia e no mundo inteiro.

Esse currículo testado de formação para a excelência em serviço é trazido para você – com exercícios que você pode começar a usar de imediato – na quarta parte do livro, nos Capítulos 19 a 24.

5. Vá em Frente

Imagine você pegar uma bicicleta, pôr toda força nos pedais e, na descida de uma colina, bem na hora da acelerada, você fecha os olhos e tira as mãos do guidom. É uma loucura, eu sei. Mas é como muitas organizações abordam novas iniciativas. No início, mandam ver e depois deixam rolar. Mas líderes e organizações com culturas de serviço que deram certo não deixam rolar – dão uma segurada; mantêm a força nos pedais; eles guiam. Seus olhos brilham com o entusiasmo de inspirar metas de excelência em serviço. Seus pé estão plantados com firmeza nas realidades de hoje. Com claro foco no futuro e na realidade imediata, conduzem suas culturas para a frente, em um processo contínuo que acaba sendo inspirador.

"É fascinante ver", diz Melvin Leong, gerente de comunicações corporativas e de marketing do aeroporto Changi. "Quando as pessoas vêm trabalhar aqui, seja em um restaurante, num ponto de varejo, no escritório de uma linha aérea ou em um balcão de imigração, passam primeiro pelo serviço de treinamento do aeroporto. Então, depois de trabalharem algum tempo entre nós, é quase como se tivessem comprado a primeira lâmpada de LED. Começam a ver a reação dos viajantes. Veem outros funcionários melhorar no serviço. E aí a coisa se torna real. É quando as pessoas começam a se apossar dela. Sim, temos gente especificamente responsável por nossas iniciativas de serviço no aeroporto. Mas não demora muito tempo para todos perceberem que eles também estão motivando essas iniciativas."

O aeroporto constrói uma cultura premiada com uma série dinâmica e em constante mudança de classes de serviço, concursos, programas de reconhecimento, comunicações, pesquisas, grupos focais e muito mais. Você aprenderá como organizações líderes impulsionam suas culturas de serviço e como podemos alcançar resultados idênticos ou mesmo melhores em nosso trabalho na parte cinco do livro, nos Capítulos 25 a 27.

Como Esta Mudança Começa?

"Tudo bem, é óbvio que o aeroporto Changi é um grande exemplo de serviço surpreendente, pessoal e livre de estresse, e posso entender como todos desempenham um papel nisso", observou Todd enquanto relaxava em uma das inúmeras poltronas de massagem disponíveis, sem custo, por todo o aeroporto. "Mas como essas coisas começaram? O que você me diz das empresas que nunca chegaram realmente a se concentrar nos serviços – muito menos em uma cultura da excelência em serviço? Como a mudança as coloca em movimento? Uma pessoa pode assumir a liderança e mudar uma cultura existente?

"Com certeza", falei. "A porta de entrada para Singapura está justamente aí. Vou levá-lo a um lugar onde menos se poderia encontrar uma cultura da excelência em serviço, um lugar para onde as pessoas vão quando acontece um acidente, um problema ou mesmo depois que morre alguém. Vou lhe contar a verdadeira história de como um homem desafiou o passado e proclamou uma revolução cultural e de como cada membro de sua organização deu vida à sua revolução de serviços."

PARTE DOIS

LIDERAR

Capítulo 4

Assumindo a Liderança

Havia uma nuvem sinistra pairando sobre Singapura. O ar estava úmido e cinza. Como sempre, o sr. Lee acordou antes do nascer do sol. Tomou seu chá, comeu seu café da manhã e amarrou os cordões das botas de trabalho. Depois, em silêncio, saiu de casa de mansinho. Era esse, havia treze anos, seu ritual diário.

O sr. Lee trabalhava nos estaleiros, em uma doca de embarque. Era um trabalho fisicamente desgastante, mas que valia a pena. O trabalho lhe rendia dinheiro suficiente para dar uma vida melhor à mulher e aos dois filhos. E o turno, embora longo, terminava antes que as crianças fossem para a cama. Ao cair da noite, ele ainda conseguia se encontrar com os dois filhos que amava enquanto eles faziam os deveres de casa.

Naquele dia de 1969, o trabalho do sr. Lee era ajudar a descarregar sacos de arroz de um navio que chegava da Indonésia. Em circunstâncias normais, o trabalho deixaria ele e sua equipe ocupados o dia inteiro. Contudo, naquele dia escuro e chuvoso, o sr. Lee não saiu do trabalho nem terminou de descarregar aquele navio. Um passo em falso de um colega derrubou a carga, enterrando o sr. Lee. O peso que caiu sobre ele o matou de imediato. E o acidente deixou a família de Lee emocional e financeiramente devastada.

Em 1969, trabalhadores singapurenses como o sr. Lee julgavam impossível fazer um seguro. O trabalho que exerciam era considerado de "alto risco", e o que ganhavam não era suficiente para permitir uma cobertura. Após o acidente, a mulher e os filhos do sr. Lee se viram sem arrimo financeiro.

A família, os amigos e os vizinhos fizeram o que podiam para ajudar. E a família de Ibrahim – vizinhos mais próximos do sr. Lee – ofereceu o máximo de apoio. A mulher de Ibrahim cozinhava para os Lees, e o marido chegou a oferecer à família parte de suas economias – mas era motorista de ônibus urbano e o que ganhava mal dava para cobrir as despesas da própria família.

Por fim, a sra. Lee levou os filhos para a Malásia, onde conseguiria trabalhos eventuais como diarista. Os dois garotos, um no início e o outro no meio da adolescência, tiveram problemas. Um foi preso por porte de drogas. O outro fugiu da área.

Ironicamente, se isso tivesse acontecido em 1970, apenas um ano mais tarde, tudo teria sido diferente.

O novo governo de Singapura estava começando a transformar a nação, o que significava grandes mudanças sociais e econômicas. O governo percebeu que muitos trabalhadores das linhas de frente das indústrias do país não conseguiam encontrar ou ter meios de pagar um seguro para protegerem a si próprios ou às famílias. No entanto, acidentes acontecem, e problemas médicos graves podem se manifestar. Se os trabalhadores da nação e suas famílias estivessem sofrendo golpes econômicos, a nação também sofreria. Isso era inaceitável.

Em 1970, o Congresso dos Sindicatos Nacionais de Singapura (NTUC – National Trades Union Congress) montou uma cooperativa de seguros com uma missão e um propósito social diferentes de qualquer outra organização. O propósito dessa nova companhia, NTCU Income, era fornecer produtos de segurança acessíveis aos empregados das docas e da construção civil e a trabalhadores como o sr. Lee, que executavam trabalhos de alto risco e mal pagos. De fato, pouco tempo depois do acidente com o sr. Lee, o sr. Ibrahim, o motorista de ônibus, adquiriu sua apólice de seguros da NTUC Income pagando um valor acessível de 5,28 dólares por mês. A apólice estava em vigor havia apenas três anos, quando, certa manhã, o sr. Ibrahim caiu sobre o volante do ônibus que operava e morreu de ataque cardíaco. A família – esposa e três filhos – ficou arrasada com a perda de um amável e devotado pai, levado de maneira súbita e inesperada.

No entanto, a apólice de seguros da NTUC pagou a eles 5.500 dólares, dinheiro suficiente na época para permitir que as três crianças continuassem na escola, crescessem no mesmo bairro e conservassem os amigos. Por fim, os três cursaram uma faculdade. Um se tornou engenheiro. Outro se graduou em gestão de empresas e finanças. E o mais novo se tornou professor.

A NTUC Income mudou a vida e o futuro de inúmeras famílias ao servir um extrato demográfico carente, uma população que outras seguradoras se recusavam a servir. Ela se tornou um nome de confiança em Singapura, uma fonte de estabilidade e um colete salva-vidas a várias famílias que, sem ela, teriam sofrido a ruína financeira.

Expectativas Crescentes

Voltando no tempo, nos anos 1970, líderes do governo de Singapura tinham em mente criar uma economia e uma cultura movidas pela produtividade. Agências e organizações fundadas para proteger os interesses das pessoas – como a NTUC Income – operavam com base em normas que modelavam o sucesso de organizações manufatureiras e em padrões globais. Na época, não estavam pensando em produzir um serviço de excelência como vantagem competitiva nacional. Estavam concentradas em apresentar gerenciamento de riscos, preço baixo e produtos e processos à prova de falhas, e tiveram sucesso nos próprios *benchmarks*.

De volta ao início da NTUC Income, trabalhadores e suas famílias tornaram-se clientes porque não tinham outra opção. Contudo, o fato de a empresa ter sido criada para servir a uma população que outras seguradoras se recusavam a aceitar não significava que pudesse prosperar para sempre com um modelo industrial de serviço.

À medida que os anos passaram, a renda doméstica média passou de 516 dólares por pessoa, em 1965, para quase 44 mil dólares, em 2010. A NTUC Income compreendeu que tinha de competir com as seguradoras mais comerciais que estavam prosperando na nova economia, cada vez mais afluente. Os clientes potenciais tinham muitas opções. E não estavam escolhendo a NTUC Income. A empresa segura, estável e confiável ganhara reputação como "tradicional e conservadora". Não estava apelando para clientes mais jovens nem era mais atraente àqueles cuja influência pessoal crescera com a nação.

Que entre o sr. Tan.

Em 2007, o ex-CEO da NTUC Income se aposentou após trinta anos no comando da empresa. Construíra uma instituição que servia bem à nação. Mas um novo CEO, o sr. Tan Suee Chieh, foi contratado para ajudar a alavancar a NTUC no futuro. "A mudança era necessária", disse Tan. "A Income precisava ser energizada." As expectativas colocadas nos ombros de Tan eram robustas – erguer a reputação competitiva da coooperativa para colocá-la frente a frente com gigantescas seguradoras comerciais, mas preservando e expandindo o propósito social que tornou a NTUC Income diferente desde o começo.

Faça Diferente

"Isto é uma cooperativa?", perguntou Todd Nordstrom quando o levei para conhecer o sr. Tan. "As divertidas mensagens de marca laranja brilhante me lembram mais uma empresa da internet em rápido movimento."

Todd estava se referindo aos enormes decalques laranja de rua com o *slogan* "Faça Diferente".

"Isso não lembra uma campanha publicitária Geico Gecko?, ele perguntou.

"Não", ri. "Isso é mais que um lagarto falante, por mais fofo que ele possa ser. Isso é energia. É uma missão. É um divisor de águas. E logo você vai ver como esse pessoal leva a sério sua marca. Eles a vivem."

Todd virou os olhos para mim quando caminhávamos para os elevadores no interior do prédio, mas sorriu ao ler os decalques laranja cobrindo as portas deles: um enorme painel comunicando a inciativa de serviço da NTUC Income: "Serviço Vivo!"

As portas se abriram. No elevador havia dois homens e uma mulher. Um dos homens usava gravata laranja brilhante. O outro usava camisa *crisp* laranja. E a mulher tinha um bracelete laranja brilhante enrolado no pulso.

Todd tornou a sorrir. Eu não via a hora de apresentá-lo ao sr. Tan.

Declarando um Novo Começo

Como um líder recém-chegado transforma uma cultura estável, conservadora e focada, do ponto de vista social, em uma organização vibrante, inovadora e comercialmente viável? Em especial, sem ofender ou transtornar as pessoas que, na atual base de clientes, se acostumaram "ao modo como as coisas são" e o apreciam.

Depois de indicado como CEO, Tan Suee Chieh foi fundo nos princípios fundadores da NTUC Income. Rastreou a história da organização, as intenções originais dos pais fundadores e a visão dos líderes da nação, que compreendiam a importância de oferecer proteção financeira aos que trabalhavam dia e noite para garantir o potencial financeiro de Singapura. Também esmiuçou a percepção local da NTUC Income para descobrir exatamente que potencial os clientes poderiam esperar da companhia.

Como poderiam satisfazer ao seu propósito social, oferecer seguros acessíveis a trabalhadores de baixa renda e continuar atraindo clientes lucrativos e enfrentando a competição pela excelência no serviço?

A magnitude dessa transição não pode ser subestimada. Não se trata de um simples caso de adicionar inovações ao serviço ao consumidor. Não é como a Domino's oferecer aos clientes um rastreador de pizza *on-line* para que possam acompanhar seu jantar do forno à soleira da porta. Também não é como a Home Depot assegurar que funcionários qualificados circulem pela loja para ajudar o cliente a utilizar seu produto. Ou como a Carnival Cruise Lines adicionar paredes de escalada e piscinas de ondas a seus bem equipados navios de cruzeiro. Todos esses exemplos são fáceis de encontrar; são únicos e fascinantes.

A NTUC Income enfrentou um desafio maior. Não era uma empresa à beira da falência, mas foi percebido que se tornara enfadonha. Estava alcançando os objetivos originalmente estabelecidos décadas atrás, mas essa história não ia assegurar sua vitalidade no futuro. A empresa podia fazer melhor e ser melhor.

O sr. Tan acreditava que a companhia não deveria ser um plano B ao alcance da população de baixa renda. Deveria ser a primeira escolha a todos os grupos de renda e um farol de luz. Uma fonte de esperança, encorajamento ou inspiração, em especial diante da adversidade. Ofereceria transparência, confiabilidade e excelência em serviço numa indústria, muitas vezes, acusada de falsas promessas e da ansiedade e confusão que isso provocava. A NTUC Income deveria ser, a seus clientes, um reflexo da segurança e política de riscos da nação. Mas deveria também revelar a inovação, a energia e a beleza que haviam se tornado parte da marca de Singapura. E deveria ultrapassar concorrentes comerciais no mercado. O sr. Tan acreditava que a companhia deveria e poderia ser, absolutamente, de primeira classe, um ícone da excelência em serviço, admirada em casa e no exterior.

Como uma empresa vai de grande para ainda maior? Como um homem é capaz de gerar transformação inspiradora após mais de quarenta anos de prática-padrão? Fazendo uma declaração pública corajosa e franca, que foi exatamente o que fez o sr. Tan em 3 de abril de 2007, primeiro em uma reunião da companhia com todos os membros atuantes e, no dia seguinte, em um anúncio de página inteira no jornal local.

A Declaração
na Esplanada

O sr. Tan Suee Chieh, novo CEO da NTUC Income, participou de uma reunião na câmara municipal, na Esplanada, em 3 de abril de 2007, com 1.600 membros de sua equipe e corretores de seguro. Abaixo estão trechos de sua fala, relevantes a todos os investidores da NTUC Income.

O dia de hoje representa um novo começo para a NTUC Income. À medida que nos movemos para a frente, temos de renovar nossos compromissos com nossos investidores e mirar mais alto e mais longe.

Informem a todos os clientes que trabalharemos sempre com seus interesses no coração. Cada decisão que tomamos é calculada para proteger seus interesses individualmente e como um todo. É para eles que a Income existe.

Informem a todos os concorrentes que, com suor, energia e determinação, competiremos com eles com base na plataforma da transparência, agregando valor ao dinheiro e serviço ao cliente, não em proveito de acionistas, mas para a melhoria do povo de Singapura.

Informem a cada sindicalista que, embora tenhamos modernizado a Income e a levado a maiores alturas, isso não é indício de que tenhamos traído nossas raízes, mas de que buscamos perpetuar nossa relevância para servir tanto a ele quanto às futuras gerações de singapurenses.

Informem a cada parceiro conhecido, seja um intermediário financeiro independente, um agente corporativo, um vendedor de automóveis, uma oficina mecânica, um corretor ou um fornecedor, que não procuramos competir com ele, mas trabalhar com ele, com espírito de genuína parceria, para dar a nossos clientes mais opções e melhor valor.

Informem ao nosso patrocinador e financiador, a NTUC, e ao povo de Singapura que estamos comprometidos com nossa causa social. Alinhados com as aspirações do Movimento Trabalhista, estaremos abertos em nossa abordagem para servir a segmentos mais amplos da sociedade singapurense e para que nossas ações e comportamentos tragam a eles e à nação contentamento e orgulho.

A nossos agentes de seguro, deixem-me dizer que temos uma grande oportunidade, uma que devemos agarrar com as duas mãos. Com nossas energias e nosso propósito social, seu trabalho não é apenas trabalho. É uma causa; uma causa para assegurar que todo singapurense esteja adequadamente protegido contra as incertezas da vida e segurado para um futuro próspero, para que possa ter a paz mental para hoje construir Singapura.

À nossa equipe, deixem-me dizer o seguinte. Temos grande responsabilidade. A responsabilidade de fazer o que é certo para nossos clientes, da primeira vez e em todas as vezes. Uma responsabilidade que devemos todos saudar – porque é como asseguramos nossa relevância e, ainda mais importante, porque é a coisa certa a fazer. E todos nós temos uma grande oportunidade para crescer com o sucesso da Income.

A nossos gerentes e líderes na companhia, deixem-me dizer o seguinte. O tempo para o exercício da liderança é agora. Temos muito que fazer e devemos fazer. Apoiados por uma forte diretoria, com boas cabeças, e por um patrocinador com o coração no lugar certo, podemos exercitar nossa liderança de modo confiante, firmes em nossa crença de que a busca da excelência comercial para um propósito social é incomparável, como o mais elevado sentido de nossa vida profissional.

Meus colegas. Somos uma grande cooperativa, mas o melhor ainda está por vir.

Declarando uma Revolução

A declaração do sr. Tan atraiu grande interesse e boa dose de ceticismo. Foi uma afirmação, embora inquietante. Afinal, o que seria da NTUC Income? Como ia parecer, sentir e agir? E como seria seu desempenho?

"Uma transição como esta é desconfortável", disse o sr. Tan. "Seguramos cerca de 3,8 milhões de pessoas. Muitas delas estão ansiosas. A empresa que era percebida como segura, porque não mudava, estava passando agora por uma tremenda reforma."

"Hum, estou desconfiado de que nem todos ficaram satisfeitos", disse Todd ao sr. Tan. "Acho que isso foi muito dramático. Será que um bom número dos funcionários e gerentes não questionaram sua liderança? Você entrou, e tudo fica laranja."

O sr. Tan deu risada. "É a mudança", ele respondeu. "A mudança, muitas vezes, gera repulsa. Havia, e tenho certeza de que ainda há, gente nesta empresa que não gosta da mudança."

Externa e internamente, a NTUC Income mudou. O sr. Tan trouxe alguns novos membros para trabalhar com ele no topo. Mudaram o logotipo, a marca e a estratégia de publicidade. Acrescentaram produtos e serviços novos e inovadores e reavaliaram o que significava valor em uma indústria marcada pela confusão. Recrutaram novas pessoas que compartilhavam da mesma visão agressiva e implementaram nova educação para o serviço com cada membro da equipe. E transformaram uma cultura exausta em uma engajada, entusiástica e energizada equipe de gente profissional que entendia e vivia o propósito da companhia.

Ah, e entre a maior recessão econômica do mundo, desde que a companhia abriu as portas pela primeira vez, em 1970, enquanto muitas empresas famosas em finanças entravam em colapso, a NTUC Income tornou-se mais bem-sucedida e lucrativa que nunca. Pela primeira vez, tornou-se a maior empresa de Singapura em seguro de vida, de automóveis e de saúde. A Número Um.

Como Tan Suee Chieh comandou essa transformação?

Construir uma cultura de serviço vencedora não é apenas fazer declarações ou cuidar de nossos clientes. É construir a paixão e as práticas para gerar grande serviço na organização, de uma ponta à outra. A verdadeira liderança em serviço não é a demanda por melhor desempenho indicada pelo departamento de serviço de nossa linha de frente. Não é um *slogan* de campanha salpicado pela parede. A verdadeira liderança em serviço significa criar um ambiente no qual cada membro da equipe pode liderar – de cima para baixo, de baixo para cima e com base em cada posição na organização.

Você leu a declaração que o sr. Tan fez publicamente. Agora, aqui vai sua corajosa declaração interna de uma revolução cultural, compartilhada com todos os membros da equipe apenas quatro meses mais tarde, em outro evento, envolvendo toda a companhia.

Nossa Revolução Cultural

É uma revolução que não cobra medo nem sangue.

Exige coragem e compromisso.

Não é uma revolução que coloca um contra o outro.

Ela une nosso povo para ser o melhor povo que se pode ser.

É uma revolução para orquestrar independência de pensamento e a coragem de expressá-lo.

Para deixar estabelecido que, de agora em diante, os argumentos vão prevalecer com base no mérito, não na posição, no *status* ou na antiguidade.

Para desafiar cada prática passada e admitir que uma prática passada pode não ser a melhor ou mesmo necessária.

É uma revolução do modo como nos organizamos, de como conversamos uns com os outros e de nossa disposição de assumir o que nos pertence.

É uma revolução para criar o espírito de inovação e criatividade em todos os níveis da organização, não apenas no nível mais alto.

É uma revolução de nosso próprio ritmo, velocidade e senso de urgência, sem ficar esperando por comandos vindos de cima.

Revolução de expressar nossa paixão pela excelência, não pela complacência ou por não nos fazermos notar.

E daqui para a frente o poder pertencerá aos que têm as ideias e a motivação para executá-las e aos que têm a visão e a determinação de levar a Income para o novo mundo de uma transformada Singapura.

É uma revolução de quem queremos ser e para nos tornar orgulhosos de defender a Income.

É sobre como queremos que o restante do mundo nos veja e nos conheça, e sobre como, de agora em diante, o mundo saberá que a Income não aceitará ser a segunda melhor.

É uma revolução de todas as mentes e de todos os corações.

É uma revolução para transformar a NTUC Income.

É uma revolução para estabelecer **A Nova Ordem das Coisas.**

Tan Suee Chieh
Diretor-Executivo
NTUC Income

Liderando de Todos os Níveis

O sr. Tan compreendeu que a liderança em serviço tinha de começar com ele. Soube que tinha de ser um exemplo aos funcionários em todos os níveis da companhia. Mas também compreendeu, e acreditou profundamente, que, por fim, todos na organização precisariam se tornar líderes em serviço se a NTUC Income fosse, de fato, criar uma cultura da excelência em serviço.

Por favor, encare esse ponto com seriedade. Se sua empresa vai se dedicar a construir uma cultura da excelência em serviço, a liderança tem de iniciar o processo e dar suporte a ele. Mas a liderança em serviços deve ser ampliada e acabar sendo adotada em todos os níveis da organização. Vamos dar uma olhada mais de perto de como liderar com base em todos os níveis.

Liderança em Serviço de Cima para Baixo

Neste modelo, uma iniciativa na área da cultura de serviços consegue um belo ponto de partida. O líder no topo se comunica com todos na organização e se torna um exemplo a ser seguido. O sr. Tan fez isso de modo consistente e efetivo na NTUC Income.

Isolado, no entanto, este modelo não é suficiente, porque, mesmo que apenas um gerente no meio do esquema não siga o exemplo correto ou não comunique a visão adequada do serviço, muitos empregados serão deixados para trás. Também não é suficiente se alguém achar que excelência em serviço ou mudança na cultura é trabalho para as pessoas que estão no topo. Não é. Excelência em serviço é um trabalho de todos.

Liderança em Serviço de Baixo para Cima

Há casos em que funcionários da linha de frente iniciaram revoluções no serviço – e criaram culturas de serviço premiadas. Pense no Pike Place Fish Market, mercado de peixes em Seattle, no estado de Washington. Um dia, os líderes da empresa faltaram ao trabalho e pediram aos funcionários que jogassem e pegassem peixes de suas barracas para proporcionar aos clientes um *show* de primeira. Os funcionários se identificaram com a ideia e a colocaram entusiasticamente em prática.

No entanto, a liderança em serviço de baixo para cima normalmente não acontece, porque os empregados da linha de frente, muitas vezes, não foram educados, capacitados ou empoderados para serem proativos em relação a novas ideias para um serviço melhor. A maioria apenas segue a rotina.

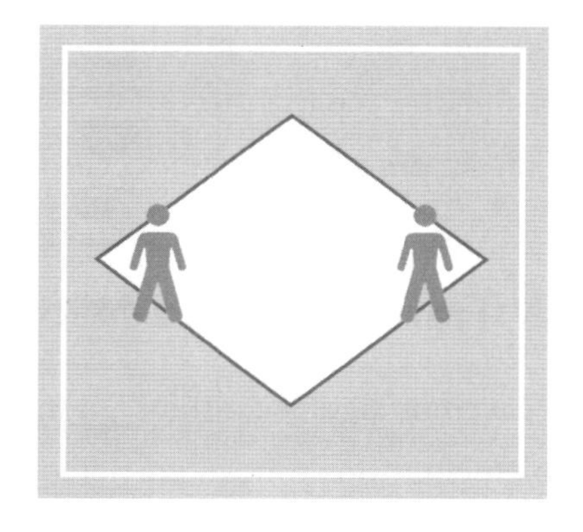

Mas um empregado da linha de frente pode assumir a liderança – com um cliente, para produzir melhor resultado, ou com um colega, para criar um clima melhor. Um supervisor da linha de frente pode liderar incentivando o *coaching* e o treinamento. Um gerente pode liderar estendendo a mão para ajudar colegas de outros departamentos, fazendo com que o serviço ganhe vida na organização.

Liderando de Cada Posição

Liderar o serviço de todos os níveis significa que cada empregado assume responsabilidade pessoal por providenciar melhor serviço em cada situação que a posição dele o capacite a alcançar. A liderança em serviço pode ser iniciada do topo, mas é também adotada na base e encorajada e

possibilitada em todos os lugares intermediários. Ninguém precisa ter título importante para ser líder em serviço. É uma responsabilidade pela qual você pode optar sozinho.

Quando a liderança do serviço está viva em todos os níveis em uma grande organização, funcionários da linha de frente servem com paixão porque compreendem a importância de seu papel; gerentes médios servem com paixão porque compreendem a importância de seu papel; e líderes seniores servem com paixão porque compreendem a importância de seu papel. Na realidade, é papel de todos assumir a liderança na construção de uma cultura em serviço.

A Transformação Não Acontece Facilmente

"Tivemos alguns conflitos", admite o sr. Tan. "Quando começamos a implementar nosso novo currículo de serviço, alguns gerentes médios quiseram ignorar as aulas às quais todo mundo estava assistindo. Sem dúvida, eram pessoas ocupadas. Mas começou a surgir um problema quando quiseram impedir que as pessoas participassem das novas classes de serviço ou começaram a tirá-las das salas de aula para trabalhar em projetos do momento. Ou, pior, quando pensavam que nossa iniciativa revolucionária era apenas outro programa de serviço ao cliente a ser aplicado pela equipe da linha de frente. Isso me fez perceber que eu precisava provar o impacto que nosso novo currículo de serviço poderia ter em seu pessoal, monstrando-lhes o impacto que eles próprios experimentavam. Então, pedimos a cada gerente médio que assistisse também às aulas, e me juntei a eles a cada aula a que assistiram, do começo ao fim. Depois lançamos um *Show and Tell*

[Mostre e Conte], competição de melhoria no serviço, exigindo que nossos gerentes trabalhassem intimamente com suas equipes para implementar tudo que aprenderam. O resultado foi formidável."

Todd olhou para mim quando saímos do prédio da NTUC naquele dia. "Essa história é surpreendente", disse ele. "Uma transformação como essa não é fácil. Você acha que a maioria dos CEOs ou dos executivos que a ouvissem acreditariam que poderiam alcançar o mesmo grau de mudança ou os mesmos resultados?"

"Só se conhecessem e seguissem as Sete Regras da Liderança em Serviços", respondi.

Capítulo 5

Liderando de Todos os Níveis

Eram oito da manhã de terça-feira. Travis Hamilton, cineasta independente do Arizona, chegou a um bem conhecido *spa* de saúde local, com uma van cheia de equipamentos de vídeo. Peça por peça, ele carregou os equipamentos pelas portas da frente, cruzando a recepção e subindo uma escada extensa, até um balcão aberto com vista para um belo pátio.

Seu trabalho naquele dia era rodar um comercial de tevê. Qualquer trabalho de vídeo em que pudesse pôr as mãos, como aquele comercial, ajudava. Era como Travis bancava seu sonho de fazer um longa-metragem independente. Contudo, enquanto a maioria das empresas de produção de comerciais mandava um grupo de pessoas ajudar a organizar e dirigir uma gravação em vídeo como aquela, Travis fazia a maior parte do trabalho sozinho.

Embora tivesse ouvido histórias sobre a reputação daquele *spa* pelo atendimento pessoal e a elegância do entorno, Travis nunca gravara nada em um *spa.* Uma iluminação suave destacava a bela decoração, as salas de tratamento quentes e acolhedoras e um pátio repleto de flores. A tarefa de

Travis era captar a experiência que o *spa* queria transmitir – serviço impecável em um ambiente luxuoso.

Travis carregou os equipamentos até o alto da escada para mostrar o balcão, o primeiro dos muitos ângulos de câmera que usaria no comercial. Na hora de fazer a sequência seguinte, carregou os equipamentos escada abaixo para uma série de *closes*, depois saiu para tomadas no exterior, subindo, mais tarde, em uma grua com rodízios nos pés para tomadas com movimento pelo pátio. E fez tudo isso sozinho.

Travis foi extremamente gentil com todos que trabalhavam no *spa*. Os funcionários estavam prestando serviços, e ele também queria se colocar como profissional. Ao preparar cada tomada, tinha o cuidado de não ser rude em momento algum. Pedia permissão a cada funcionário para instalar a câmera no espaço dele ou dela. Perguntou à recepcionista que tipo de extensão ela preferia que ele usasse para plugar no equipamento. A cada tomada, antes de passar à seguinte, perguntava aos dois atores se estava tudo bem com eles. Queria se certificar de que cada um estava desfrutando da experiência.

Do início ao fim do dia, em vez de dizer às pessoas o que fazer, Travis pedia. De fato, parece que a única coisa que ele não pediu foi ajuda – exceto uma vez, quando perguntou a um idoso que varria silenciosamente o chão se ele poderia deixar, por favor, a porta aberta, pois teria de passar com os equipamentos. O homem concordou com um sorriso gentil e depois se ofereceu para ajudar a carregar as coisas. Na maior parte das vezes, Travis recusou a ajuda, exceto no caso de alguns itens maiores, mostrando-se extremamente grato. E, quando o homem lhe passou uma garrafa de água gelada, Travis agradeceu intensamente.

No final do dia, Travis respirou fundo e perguntou à recepcionista se poderia falar com o proprietário do *spa*. Achava importante agradecer à pessoa responsável por lhe dar o trabalho. Compreendia que trabalhos comerciais menores, como aquele, permitiam que continuasse perseguindo seu sonho.

No andar de cima, no fim do corredor à esquerda, ficava o escritório do proprietário do *spa*. Lá dentro havia uma grande escrivaninha de mogno com uma bela cadeira de couro e uma mesa polida mais à frente. E certamente Travis não esperava encontrar, sentado atrás daquela escrivaninha, o mesmo homem que varrera o chão e lhe segurara a porta.

O proprietário do *spa* era a pessoa que servira Travis na maior parte do dia. O homem sorriu e convidou Travis a entrar e a se sentar um momento para descansar. Travis retribuiu o sorriso. O homem perguntou, em tom gentil, o que Travis gostaria de beber e, mais tarde, lhe agradeceu por seu serviço, com um bilhete manuscrito e um tíquete para que ele pudesse desfrutar de um tratamento no *spa*.

"Agora entendo", Travis pensou. "Não é à toa que esse *spa* tem reputação tão incrível pelo serviço."

As Sete Regras da Liderança em Serviço

Líderes não podem se limitar a dizer às pessoas como servir; todos os dias devem mostrar às pessoas como servir e ensinar a elas por que isso é tão valioso. Seria fácil dizer que o sr. Tan, da NTUC Income, apenas insistiu em oferecer melhor serviço ou que a equipe de administração do aeroporto Changi emitiu uma ordem oficial exigindo um serviço de primeira classe. Mas não é assim que funciona. Pessoas de cada nível de uma organização só se empenharão em tornar realidade uma visão de serviço se seus líderes também a estiverem vivendo.

Em minha experiência profissional com líderes de muitas das melhores organizações de serviço do mundo, descobri sete regras essenciais que esses líderes sempre seguem. Alguns alavancam o poder utilizando uma regra mais que outra, e você pode fazer o mesmo. Mas cada uma delas é essencial para levar sua equipe ao sucesso. Nos capítulos adiante você encontrará muitos exemplos, ideias e sugestões para colocar essas regras em prática.

Regra 1: Declare o Serviço Prioridade Máxima

A NTUC Income é um claro exemplo de como é vital declarar o serviço – e a contínua melhoria dele – como prioridade número um para a organização. A companhia já era uma organização muito grande e bem-sucedida quando o sr. Tan foi contratado como CEO. Mas ser grande e comercialmente bem-sucedida não era suficiente. Tan deixou claro em declarações públicas que a excelência em serviço já não era apenas parte do negócio; era, agora, prioridade máxima em seus planos para a transformação cultural. De fato, ele provocou, sem hesitação, o *status quo*, chamando a coisa de revolução.

Pense nas empresas que conhecemos bem pelo consistente serviço de alta qualidade; organizações que construíram reputações lucrativas e duradouras: Nordstrom, Disney, Southwest Airlines, Singapore Airlines, Ritz-Carlton e Zappos. Essas empresas não hesitam em afirmar que o serviço é alta prioridade e apresentam, com vigor, o que afirmam.

Declarar o serviço prioridade máxima significa que os líderes seniores compreendem que se concentrar na Melhoria de Serviço leva a resultados comerciais. Lucro é o aplauso que você recebe por servir bem aos seus clientes. Quando gerentes médios declaram o serviço como alta prioridade, a mensagem transmitida a todos é clara: procedimentos e orçamentos certamente contam, mas criar valor aos outros conta ainda mais. E, quando empregados da linha de frente declaram o serviço como sua prioridade máxima e o contentamento de outros se torna seu objetivo, inspiram a satisfação do cliente – e a satisfação no trabalho, também.

Você pode declarar o serviço prioridade máxima colocando-o em primeiro lugar na agenda. Pode declarar o serviço prioridade máxima aos clientes e colegas em sua fala, na escrita, em reuniões, propagandas, *sites*, *newsletters*, tuítes, postagens em *blogs*, atualizações, videoclipes, seminários e ações diárias.

Regra 2: Seja um Grande Exemplo a ser Seguido

Líderes são pessoas que outros escolhem seguir, não aqueles que simplesmente nos dizem o que fazer. Por seu próprio exemplo, líderes nos inspiram a querer fazer o que eles fazem.

Vamos considerar como o impacto do exemplo pode ser grande. Um executivo sênior da Matsushita Electric (atualmente, Panasonic Corporation) estava visitando uma das plantas manufatureiras da companhia no exterior. Em razão de seu *status* sênior na organização, e da lendária reputação de detectar pequenos detalhes, os empregados fizeram uma limpeza na fábrica e chegaram a estender um tapete vermelho para a turnê do executivo pelas instalações. Setecentos funcionários em uniformes recém-lavados postaram-se ombro a ombro entre as grandes máquinas. O executivo, num terno risca de giz perfeitamente confeccionado, caminhou devagar pelo tapete, acenando com respeito para os trabalhadores.

Então, de repente, o executivo se virou, mudou de direção, saindo do macio tapete vermelho, e caminhou devagar, mas com ar decidido, para uma das maiores máquinas da fábrica. Os assistentes do executivo sussurraram entre si em tom ansioso. Esse desvio não estava programado, e ninguém sabia o que esperar. Setecentos trabalhadores olhavam para ele atentamente, perguntando-se para onde estava indo e por quê.

Ao atingir seu objetivo, ou seja, a grande máquina, o executivo parou e respirou fundo. Os olhos de toda a força de trabalho estavam voltados para ele. Setecentos trabalhadores acompanharam, espantados, quando o homem se curvou, estendeu a mão sob a beira da máquina e pegou um clipe de papel que vira pelo canto do olho. Ele se ergueu e enfiou o clipe de papel no bolso do terno. Respirou fundo mais uma vez, virou-se e retornou, silencioso, para o tapete vermelho.

A sala estava em silêncio.

Não houve repreensão. Nenhuma palavra foi dita. Mas a mensagem dessa ação ressoou durante anos. O executivo sênior poderia ter pedido a alguém de sua comitiva que buscasse o clipe de papel. Podia ter mandado um empregado apanhá-lo. Podia ter feito uma repreensão, um comentário e enviado um memorando, mas não o fez. Em vez disso, ele simplesmente modelou uma expectativa de que cada um é responsável por manter os mais elevados padrões de limpeza na fábrica.

Eu soube desse incidente graças a um homem que estava na fábrica naquele dia e viu aquilo com os próprios olhos. Estava tomado pela emoção quando me contou a história que se passara havia mais de quinze anos. "Depois dessa visita", disse ele, "nossa fábrica foi a mais limpa do país. Não porque tenhamos comprado mais equipamento de limpeza ou alterado qualquer um de nossos procedimentos. Aquele único gesto causou um impacto tão grande que acabamos adotando – nós e os outros – o mesmo padrão incrivelmente elevado."

Regra 3: Promova uma Linguagem de Serviço Comum

No serviço militar, construir e usar uma linguagem comum acontece naturalmente. Os líderes são promovidos por fileiras e compartilham com suas tropas um conjunto de termos claros. "Descansar", "Apresente-se ao comando", "Sentido!" Mas a maioria de nós não serve nas forças armadas. Em organizações comerciais e governamentais, a linguagem evolui, com frequência, em silos funcionais e de maneira que não se conectam.

Pessoas do departamento financeiro acham que produzir relatórios mais rápido significa um serviço melhor. Mas os colegas de outros departamentos podem realmente preferir ter alguma ajuda para ler esses relatórios. Os que cuidam de licitações pensam que conseguir preço mais baixo é um serviço melhor. Mas seus colegas podem estar buscando parcerias mais fortes com vendedores. Os recursos humanos podem presumir que um período maior de férias serviria melhor aos funcionários, quando o que os funcionários querem, na verdade, é mais flexibilidade em cuidados com a saúde e outros benefícios. A manufatura acredita que entregar um produto sem defeitos é seu serviço de qualidade mais requintada. Mas as equipes de marketing e vendas podem preferir uma escala mais ampla de novos produtos. O marketing pensa que seu serviço é melhor quando o número de *leads** aumenta. Contudo, a equipe de vendas pode dizer justamente o contrário: querem um número menor de novos *leads*, mas mais bem qualificado. Por fim, a equipe de vendas diz que seu serviço deveria ser avaliado pelo número de vendas novas ou de mais vendas. Mas talvez a companhia esteja precisando muito mais de um volume consistente de vendas distribuído ao longo do ano.

Desconexões também podem ocorrer entre níveis de uma organização. Gerentes falam sobre métricas de serviço, *benchmark scores* [pontuação de metas mínimas] e partilha crescente de carteira de investimentos. Funcionários da linha de frente falam sobre a programação do dia, o problema de um colega e o comentário de um cliente irritado.

Todos falam sobre melhor serviço de uma perspectiva que faz perfeito sentido para ele ou para ela. O que está se perdendo é uma linguagem comum para possibilitar ouvir e compreender, permitir distinções claras para examinar o que outras pessoas querem e valorizam. Para construir uma cultura da excelência em serviço que envolva toda uma organização, os líderes têm de promover uma Linguagem Comum de Serviços que possa ser praticada por todos.

---

* *Logins* de possíveis consumidores que deixaram seus dados. (N. do T.)

Na Parte Quatro deste livro, vamos descobrir e aprender uma nova linguagem que funciona maravilhosamente bem para líderes e provedores de serviço em cada função e posição. "Temos de polir esses Pontos de Percepção antes que o nível de nosso serviço caia abaixo do esperado" (Capítulo 21). "Sabemos que categorias do GRANDE Quadro esses novos clientes mais valorizam?" (Capítulo 22). "Vamos fechar o *loop* sobre esta Transação de Serviço, depois explorar novas oportunidades para crescermos juntos" (Capítulo 26).

Pedir à nossa equipe que melhore o serviço sem habilitar a linguagem é insensato e ineficiente. Dar a ela uma Linguagem Comum de Serviço sem que esta seja usada por nós seria ridículo. Se quisermos que todos em nossa equipe entreguem excelência em serviço, temos de falar sobre isso muitas vezes, e com fluência. Essa responsabilidade não pode ser delegada ao departamento de comunicações corporativas. Nem nosso uso da linguagem de serviço pode ser mero truque. Temos de demonstrar nossa compreensão e nosso compromisso com ações observáveis e dignas de admiração. Usar as palavras sem as ações não tem mais impacto que conversa fiada. "Bater papo" e "falar por falar" andam de mãos dadas. Quando líderes de serviços falam e agem, as pessoas prestam atenção e optam por segui-los.

Regra 4: Meça o que Realmente Importa

Muitas pessoas ficam confusas quando se trata de avaliar serviços. Isso é compreensível, mas hoje já podemos medir muitas coisas: queixas, cumprimentos, expectativas, níveis de engajamento, importância relativa, melhoramentos recentes, *performance* padronizada, sastisfação do cliente, retenção, intenção de recompra, recomendação, percentagem de gasto total, identificação com determinada marca, e muito mais. Uma vez que você conte, siga, entreviste, pesquise, ponha o foco em um grupo ou em uma loja misteriosa, poderá deduzir, derivar, mergulhar fundo e tentar decidir o que fazer sobre tudo isso. Não é de admirar que as pessoas fiquem confusas.

Um líder de serviço rompe essa confusão para medir o que realmente importa. Comece recordando nossa definição: *Serviço é fazer algo para criar valor a alguém.* Então, as duas questões mais importantes são: Suas ações estão criando valor?; Você está realizando um número suficiente de novas ações?

Algumas pessoas dirão que isso é simples demais; que muitas outras medidas devem ser levadas em consideração. Mas vamos explorar isso juntos, primeiro de cima para baixo e depois de baixo para cima.

Os objetivos finais nos negócios incluem receitas de primeira linha, lucros finais, participação no mercado, reputação, valor para o acionista e crescimento. Tudo isso é facilmente medido. Mas o que acontece antes que você possa atingir seus objetivos finais? Qual é o principal indicador e precursor confiável para alcançar esses objetivos no negócio?

Um meio de prever mais participação, reputação e lucros é ver se seus índices e suas pontuações de pesquisa estão crescendo. Quando pontuações de satisfação, lealdade, partilha de carteira e engajamento do funcionário estão todas melhorando, seus objetivos finais também vão melhorar.

O que é um precursor confiável para o aumento das pontuações do índice? Um precursor seguro de pontuações mais altas de pesquisa é um volume consistentemente mais alto de *feedback* positivo. Quando elogios, cumprimentos e buquês estão chegando a você com abundância é sinal de que suas pontuações de *index* e seus resultados de pesquisa também subirão.

Mas o que deve acontecer antes que os cumprimentos comecem a chegar em grande quantidade? O que é, antes de mais nada, o precursor essencial para obter *feedback* positivo? Cumprimentos acontecem quando alguém tem uma ideia para servir melhor à outra pessoa e depois entra em ação para transformar isso em realidade.

E o que é o precursor de novas ideias e ações? É um novo pensamento e um novo aprendizado sobre clientes, serviço e valor.

Agora, vamos seguir essa mesma sequência de baixo para cima. Novo aprendizado sobre serviço leva a novas ideias para fornecer melhor serviço a outros, que leva a nova ação, a mais cumprimentos, a pontuações mais elevadas de pesquisa, a mais vendas, referências, lealdade e lucros.

Muitos executivos perseguem os objetivos finais a distância e se perguntam como obter melhores resultados. Líderes da excelência em serviço estão mais próximos da ação; sabem que alvo atingir, e a peça para mover está onde as pessoas trabalham todos os dias com clientes e colegas. Medem o que realmente importa de baixo para cima: novo aprendizado sobre serviço, novas ideias para servir melhor a outras pessoas e novas ações para criar mais valor.

Quantas ideias para um novo serviço você e sua equipe criaram esta semana? Quantas novas ações você levou a cabo?

Regra 5: Empodere sua Equipe

Empoderamento é palavra da moda em negócios, e muitos líderes e funcionários parecem temê-la. Mas o que temem, de fato, é alguém empoderado tomando más decisões. Se uma líder não tem confiança em sua equipe, não vai querer empoderá-la com mais autoridade ou orçamento mais amplo. E, se um funcionário não tem confiança em suas aptidões e decisões, com frequência não vai querer a responsabilidade de ser empoderado.

Em ambos os casos, o que está se perdendo não é o empoderamento, mas o *coaching*, o *mentoring* e o encorajamento que devem acompanhá-los. Se você soubesse que seu pessoal tomaria boas decisões, ficaria satisfeito de lhes dar autoridade para fazê-lo. E, quando seu pessoal se sentir confiante de que pode tomar boas decisões, ficará ansioso para ter essa liberdade. Empoderar os outros não pode nem deve ser dissociado da responsabilidade de capacitar, de maneira adequada, aqueles que você empodera.

Quando Tan Suee Chieh percebeu, na NTUC Income, que seus gerentes médios não estavam frequentando os novos cursos de serviço nem encorajando os membros das respectivas equipes a participar, entendeu que não poderia forçar seu pessoal a adotar novas ideias para melhorar o serviço. Teria de capacitá-los e empoderá-los para usar essas ideias e depois avaliar o poder de suas ações. Então, solicitou a todos os gerentes médios que assistissem a um curso de educação para o serviço, com duração de dois dias, e abriu pessoalmente cada programa, dedicando um tempinho para explicar por que achava que aquilo era importante. Depois apareceu de novo para fechar cada programa, ouvindo os gerentes e respondendo a perguntas.

Em seguida, deu aos gerentes um encargo que só poderiam desempenhar envolvendo-se de maneira plena no conteúdo do curso, com os membros da própria equipe. Pediu a cada gerente que respondesse à pergunta: "Que mudanças você vai fazer entre maio e outubro deste ano que colocará em ação o que aprendeu"? Parece uma simples atribuição de tarefa, mas havia um anzol por trás dela. Os gerentes tinham de responder à questão fazendo uma exposição aos membros das próprias equipes, por meio da linguagem de serviço que haviam acabado de aprender, para explicar as novas ações que propunham. Seis meses mais tarde, em outubro, cada gerente e sua equipe fariam uma nova exposição, agora mostrando os resultados alcançados. É a combinação que funciona: capacitar com educação e apoio pessoal e depois empoderar com o desafio de trabalhar em conjunto e alcançar novos resultados.

Regra 6: Remova os Bloqueios da Estrada para o Melhor Serviço

Certa vez, hospedei-me em um luxuoso *resort* na Califórnia, onde fiz um discurso de abertura sobre Excelência em Serviço para um encontro anual de franqueados. A propriedade era deslumbrante. Os aposentos eram um espetáculo. As pessoas não poderiam ter sido mais amistosas. E a comida era sensacional. Mas, então, uma noite, convidei alguns amigos que moravam na área para se juntarem a mim num jantar no *resort*. O garçom explicou que havia um menu especial naquela noite – onde estariam em foco alguns dos pratos especiais do *chef*. Todos nós examinamos o menu para ver se havia algo interessante, e, alguns minutos depois, o garçom retornou para anotar os pedidos.

"Gostaríamos de dar uma olhada no menu-padrão do jantar do *resort*", disse eu. Ficara apaixonado pela salada de salmão durante minha estada ali, e dois de meus convidados eram vegetarianos – sem nada que pudessem escolher no menu do *chef*.

"Sinto muito, esta noite estamos oferecendo apenas este menu", disse o garçom.

"É mesmo?", perguntei. "Mas gosto muito daquela salada de salmão e dois convidados meus são vegetarianos. Tenho certeza de que podemos pedir esse prato do menu-padrão. Ou do menu de serviço de quarto"?

"Sim, senhor", disse o garçom, obviamente constrangido. "Se voltar para seu quarto e pedir a refeição de lá, poderá pedir a salada de salmão ou qualquer outra coisa que esteja naquele menu."

"Mas a comida não é preparada na mesma cozinha?", perguntei.

"É, sim, senhor", respondeu o garçom. "Mas esta noite não temos permissão de servir nada no restaurante que não esteja neste menu especial."

Percebi que o *resort* queria apontar os holofotes para as especialidades da noite do *chef*. Mas o restaurante criara um grande obstáculo para as pessoas que trabalhavam lá, e isso não dizia respeito ao menu ou à salada de salmão. Dizia respeito à experiência do cliente e ao fato de ter sido retirada do garçom a experiência de aceitar um pedido fora do cardápio. Imagine nosso entusiasmo e como teríamos nos sentido especiais se ele tivesse dito: "Esta noite vamos abrir uma exceção para o senhor. E para os seus convidados tenho certeza de que podemos providenciar alguma coisa deliciosamente especial".

A maior parte dos membros de uma equipe na linha de frentre é instruída a seguir normas e procedimentos. Com frequência, esses profissionais hesitam "violar as regras". Algumas regras, no entanto, devem ser quebradas, mudadas ou, pelo menos, seriamente entortadas de vez em quando. Que obstáculos a um melhor serviço estão ocultos em sua organização? Que pedra está no caminho de seu pessoal? O que os atrasa em sua atividade? O que os impede de cuidar melhor de seus clientes? O que os proíbe de ajudar os colegas? Líderes de serviço fazem essas perguntas e removem as barreiras que elas expõem.

Regra 7: Mantenha o Foco e o Entusiasmo

Não é difícil declarar o serviço prioridade máxima. O difícil é mantê-lo como prioridade quando outros problemas clamam por atenção. Não é difícil usar uma nova linguagem para melhorar o serviço; difícil é usar essa linguagem dia após dia, até que ela se torne um hábito. Pode não ser difícil correr atrás de ideias e ações para um novo serviço, mas pode ser difícil mantê-las como prioridade no pensamento de sua equipe.

Manter o foco e o entusiasmo pelo serviço é vital quando estamos construindo uma cultura da excelência em serviço e os líderes mundiais aproveitam cada oportunidade de fazê-lo. Quando sofreu retrocesso nos negócios durante eventos como o surto da Síndrome Respiratória Aguda, os ataques de 11 de Setembro e as dramáticas crises financeiras, em vez de demitir funcionários numa reação instintiva de cortar despesas, a líder mundial Singapore Airlines aproveitou a oportunidade e levou seu pessoal a frequentar cursos de aprimoramento de um novo serviço. Pense nisso – quando os negócios voltaram ao normal, os funcionários da Singapore Airlines estavam mais treinados e centrados. Saíram de cada retração econômica ainda mais comprometidos com a empresa e seus clientes: prontos para servirem com mais habilidades em idiomas, procedimentos, comida, vinho e todo tipo de situações especiais. Não é de admirar sua inabalável liderança mundial em serviço.

Manter o foco e o entusiasmo é crucial – nos negócios, na vida e nos serviços. Isso não é algo que os líderes devam encarar como regra flexível e, portanto, menos importante. Nem ela deveria ser totalmente delegada a outros. Sem dúvida, subestimar a Regra 7 pode ser o erro que faz descarrilar todos os seus planos e programas. Quantas dietas fracassam porque as pessoas não conseguem manter o foco e o entusiasmo? Quantos casamentos fracassam pelas mesmas razões? Quantas empresas sofrem por ter começado a trilhar um grande caminho, mas acabam achando que todo aquele esforço foi um fracasso simplesmente porque não conseguiram mantê-lo?

Há muitas maneiras de manter o foco no serviço e o entusiasmo por ele. E os blocos de construção na próxima parte deste livro vão abastecê-lo com muitos exemplos. Ou você pode compartilhar as histórias que já leu com outras pessoas no local de trabalho. O que este livro não pode fornecer é seu compromisso contínuo de manter, com firmeza, entusiasmo e foco para pôr em prática certas ideias. Porque a liderança tem de vir de você.

O Serviço Muda o Mundo

"Todos me disseram que eu tinha de experimentar o caranguejo ao molho picante", disse Todd Nordstrom.

"Vou levá-lo ao East Coast Seafood, do outro lado da rua", respondi. "Ali há muitos restaurantes de frutos do mar, e todos servem *chili crab** e muitas outras coisas."

Ele sorriu. "Ouvi dizer que é o melhor caranguejo do mundo."

---

* Caranguejo malagueta. É o prato típico de Singapura. (N. do T.)

"Com certeza, mas todos que moram em Singapura têm um restaurante favorito para o *chili crab*", disse eu. "Aqui, as pessoas podem ser muito obstinadas quando se trata de comida."

"Bem, qual restaurante atualmente tem o melhor?", ele perguntou.

Eu ri. "Todd, é tudo fantástico. Mas escolho o lugar com a fila menor e o pessoal mais simpático. Se a fila não anda ou os garçons não estão sorrindo, vou para outro lugar."

"Com você, tudo gira em torno do serviço, não é?", ele perguntou.

"Pode apostar nisso!", disse eu. "Agora você está começando a ver o mundo inteiro como eu vejo. E está entendendo por que quero lhe mostrar todas essas empresas e apresentá-lo a todas essas pessoas. Agora você está vendo por que faço o que faço."

Todd fez uma pausa na conversa. Olhava pela janela de minha sala de estar com as mãos nos bolsos. E, até ele responder, eu acreditara que nossa conversa estava sendo casual.

"Entendi", ele disse em voz baixa.

"Entendeu... o quê?", perguntei.

"Serviço muda o mundo", disse ele, ainda encarando a janela.

Fiz uma pausa e sorri. Estava espantado e deliciado. Todd estava começando a entender.

"Vamos lá", disse para meu visitante e amigo. "Vamos aproveitar o melhor caranguejo que você já comeu."

Capítulo 6

A Jornada para a Magnificência

Era abril de 2010. Pessoas em ávidas aglomerações esperavam ansiosas do lado de fora das portas de vidro – na expectativa de experimentarem alguma coisa esplêndida. No interior, havia mais de 4 mil membros da equipe em uma das maiores "reuniões de incentivo" de todos os tempos. Não era uma reunião de incentivo de ensino médio. Esta era para sempre. Uma quantia sem precedentes de 5,7 bilhões de dólares havia sido investida, e a sobrevivência da companhia estava pendendo na balança.

Tom Arasi estava parado do outro lado daquelas portas de vidro. Contemplava as expressões faciais. Sentiu o clima de expectativa e respirou profundamente.

"Sabíamos que tínhamos construído isso", disse o sr. Arasi. "E deixe-me lhe dizer: ao encarar o mar de pessoas, esperávamos desafios."

É o que acontece quando alguém constrói algo grande. Vem um tempo em que toda visão, liderança e esforço se alinham e se combinam em uma estrutura unificada. E é aí que ela ganha vida própria.

Pense no Coliseu romano. Pense na Torre Eiffel, na Ópera de Sydney, na Ponte Golden Gate ou mesmo no Castelo da Cinderela na Disneylândia.

Todas essas estruturas foram construídas para servir a um propósito. E, quando foram terminadas, tornaram-se ícones globais.

Agora, pense nos ícones globais de serviço. Como foram construídos? A que propósito serve a construção de uma cultura da excelência em serviço? E em que momento uma cultura de serviço inspiradora assume vida própria?

O que é preciso para construir um ícone? Como criamos o milagre do cimento, do vidro e do aço? Foi esse o trabalho de Tom Arasi como CEO--fundador do Marina Bay Sands, *resort* integrado, hotel enorme, centro de convenções, *shopping*, museu, teatro, restaurantes e cassino, tudo conectado.

"Houve muita pressão", disse o sr. Arasi. "O processo de construção desse lugar foi intenso. Pessoas que compreendem como esse projeto era agressivo para ser concretizado perguntam, muitas vezes, se eu o faria de novo – se submeteria, mais uma vez, a mim e às outras pessoas, a esse nível de estresse."

O sr. Arasi fez uma pausa.

"Faria", disse ele. "Quando vejo o que foi criado, e quanta coisa pode ser feita ao conseguir o apoio de gente que compartilha da mesma visão, e como nos sentimos quando percebemos que tínhamos criado algo maior que um prédio realmente maravilhoso, sim, eu faria tudo isso de novo. Foi uma jornada magnífica. E eu faria isso, mesmo que não compensasse. Essa propriedade e o capital humano que custou para entregá-la pronta foram nada menos que um fenômeno único na vida."

Vamos retroceder um pouco para entender o processo agressivo a que o sr. Arasi está se referindo. De fato, pense só por um minuto na magnitude da atividade requerida para construir o que está se tornando, rapidamente, uma das peças de arquitetura mais icônicas do mundo, um suntuoso *resort* integrado que fornece a deslumbrante base física para uma emergente e icônica cultura de serviço.

Para apreciar o feito, é fundamental compreender que, antes da construção do Marina Bay Sands, o jogo era ilegal em Singapura, os limites nos quais ele é legal não existiam, e o mundo estava no meio de uma catástrofe econômica.

Contudo, uma das peças mais majestosas e grandiosas da arquitetura conhecida pela humanidade foi construída – para seu prazer, espanto e alegria.

Agora, antes que você digite "Marina Bay Sands" num *site* de busca para ver uma foto espetacular do prédio (o que recomendo enfaticamente), imagine um dos mais exclusivos exemplos de arquitetura existente. Primeiro, a fundação de um gigantesco centro de convenções multinível, com quase 100 mil metros quadrados de espaço de conferência e exibição; um enorme *shopping* equipado com 300 lojas de grife; mais de 60 pontos de venda de alimentos e bebidas espalhados pelo complexo; amenidades recreativas que incluem duas salas de espetáculo, um museu de categoria internacional, um ringue de patinação no gelo e um cassino.

Agora, imagine três torres altas em forma de ampulheta erguendo-se sobre as fundações, em uma curva para cima, cada uma com 57 andares de altura e 2.600 quartos de hotel com vista, de um lado, para o oceano e, de outro, para a cidade de Singapura.

Incrível? Isso é apenas o começo.

Imagine, agora, essas três torres altas conectadas no topo por uma estrutura semelhante a um transatlântico que abriga um parque luxuriante com árvores, flores e vegetação a 57 andares de altura. Bem acima da cidade, o Sands SkyPark, com capacidade para acomodar 3.900 pessoas, é vizinho de restaurantes, barzinhos, postos de observação e uma piscina de borda infinita cuja água encontra o céu singapurense.

Design impressionante. Construção impressionante. Visão impressionante. E resultados impressionantes. O Marina Bay Sands é, de longe, um dos mais esplêndidos empreendimentos arquitetônicos, comerciais e culturais de nosso tempo – um *resort* completamente integrado a uma propriedade e administrado por uma equipe de gerenciamento.

Ainda não basta para sua imaginação?

Então imagine isso: ele foi construído em apenas três anos. E no fim dos primeiros doze meses de operação havia gerado surpreendente 1 bilhão de dólares de EBITDA (ganhos antes de juros, impostos, depreciação e amortização). E o prédio ainda nem estava terminado.

Não Só um Rosto Bonito

Olhar as três torres do Marina Bay Sands casou arrepios em Ryan Williams em sua esposa, Sarah. Era a segunda vez que Ryan viajava para Singapura. A primeira viagem foi a negócios. Dessa vez, era sua lua de mel.

Williams ouvira falar sobre o Marina Bay Sands por um colega de trabalho. Queria que sua chegada com a noiva fosse perfeita. Queria que ela ficasse maravilhada. Queria que os próximos sete dias da vida dele fossem mágicos.

A singular arquitetura do Marina Bay Sands pode impressionar quase qualquer um. E já sabemos que o novo casal estava entusiasmado. Afinal, estavam em lua de mel. Tinham aterrissado e desfrutado dos incríveis interiores e das pessoas amistosas no aeroporto Changi. Pegaram um táxi especial, e o motorista lhes oferecera calorosas boas-vindas e um grande serviço no trajeto para o Marina Bay Sands. Mas o que aconteceria à experiência vivida apenas uma vez na vida se Ryan e Sarah não recebessem um serviço magnífico em um dos *resorts* mais magníficos do mundo?

Imagine com que rapidez o romance da viagem poderia ficar comprometido se o *check-in* no *resort* fosse muito demorado? Ou se o porteiro não fosse simpático ao entregar-lhes as malas? Ou se, ao entrar no quarto, eles não o achassem impecável, com todas as peças de mobília polidas e cada amenidade no lugar?

O Marina Bay Sands tinha o ideal de se tornar icônico no mundo – em estrutura e serviço. Estavam construindo a propriedade durante uma das piores retrações econômicas da história. Lutaram com prazos e orçamentos, eliminaram obstáculos de construção e atenderam às licenças legais. E enfrentaram o perigoso caminho de contratar um número suficiente de novos membros para a equipe.

"Passamos de 100 para 6.500 membros da equipe em apenas 100 dias", disse Tom Arasi. "Cada manhã era como entrar em uma nova empresa – muitas caras novas."

Esse tipo de contratação rápida – sobretudo ao recrutar chefes de departamento vindos do mundo inteiro – cria um desafio novo e ainda maior. Como uma organização constrói uma cultura de serviço icônica quando centenas de novos funcionários estão ingressando diariamente na empresa?

O sr. Arasi não podia sequer enviar um memorando que dissesse: "Trate bem o cliente". Estava encarregado de um dos mais novos e mais atentamente observados *resorts* pioneiros – uma propriedade integrada em que padrões e experiências de serviço precisavam ser o foco número um em cada ponto de contato. E precisavam ser o número um para clientes do mundo inteiro, servidos por membros de equipes novas vindas também do mundo todo.

"Percebíamos que tínhamos construído algo magnífico", disse Arasi. "Mas também percebíamos que precisávamos nos concentrar, com o mesmo empenho, na construção de uma cultura de serviço. E precisávamos fazê-lo com rapidez. Não se tratava apenas de um fator de sucesso crucial para nossa operação. Toda a nação de Singapura precisava que cumpríssemos a *magnífica* promessa, dando suporte à corajosa iniciativa do país de elevar sua aposta na cena do turismo mundial."

Imagine os recém-casados sr. e sra. Williams sentando-se para um jantar romântico à luz de velas em um dos muitos restaurantes requintados do Marina Bay Sands. A comida é espetacular. A vista é espetacular. O garçom se aproxima para recomendar vinhos finos que combinem com as seleções feitas pelo casal para o jantar. Tudo é perfeito. Certo?

"A que horas o museu abre de manhã?", pergunta o sr. Williams.

"E pode nos dizer como conseguir ingressos para o musical *O Rei Leão?*, pergunta a sra. Williams.

"Desculpem-me, mas não sei nada sobre essas coisas", responde o garçom. "Só trabalho aqui no restaurante."

Serviço excelente? Bem, o fato de o garçom do restaurante não saber o horário de funcionamento de um museu ou os detalhes da venda de ingressos para um musical famoso não chega a ser terrível. Mas imagine como a noite teria sido muito mais agradável se o garçom tivesse respondido aos questionamentos de maneira diferente.

Imagine o garçom dizer ao sr. Williams com um sorriso: "O museu é fabuloso. E justamente agora foi montada uma incrível exposição de Salvador Dalí. O horário de funcionamento é das 10 da manhã às 10 da noite, mesmo nos feriados. E ingressos para *O Rei Leão*? Eu já assisti ao espetáculo. É ótimo!", diria ele, virando-se para a sra. Williams. "A sessão é todas as noites, às 8, exceto às segundas. E nos fins de semana há matinês às 2 da tarde. Posso contatar o *concierge,* se quiserem ingressos."

Agora pense no que essas duas declarações simples exigem: visão de serviço comum que abrange toda a propriedade, a ampla variedade de produtos sobre os quais um garçon deve aprender e dominar e a cooperação ativa de pessoas e sistemas entre os inúmeros departamentos.

"O simples fato de você contratar as pessoas certas, construir um incrível *resort* e oferecer ao mundo as melhores atividades e amenidades não indica que criou a experiência suprema", disse Arasi. "Se não construirmos uma cultura sólida de atendimento, toda a coisa pode acabar desabando sobre nós. E vou ser franco. Naqueles primeiros dias tensos e frenéticos depois da inauguração, aprendemos com muita rapidez a importância de pôr no lugar nossos blocos de construção culturais."

Um dos primeiros exemplos de quanto o Marina Bay Sands precisava implementar os blocos de construção de uma cultura da excelência em serviço, comum e inspiradora, se deu durante a grandiosa estreia do musical mundialmente famoso *O Rei Leão* em um teatro do complexo. *O Rei Leão* foi uma escolha natural para a festa de inauguração do Marina Bay Sands na "Cidade do Leão" de Singapura. O espetáculo teve intensa promoção na cidade e por toda a região. O Marina Bay Sands esperava – e conquistou – uma resposta maciça.

Mas eis o problema. Para os hóspedes do hotel, na noite da inauguração, para aqueles clientes que cruzaram o globo para experimentar a magnificência do Marina Bay Sands, o palco estava completamente escuro. Do início ao fim de toda promoção, do marketing e dos dólares investidos para anunciar a noite de abertura, o Marina Bay Sands se esqueceu de informar aos próprios hóspedes. A primeira plateia a ver *O Rei Leão* incluía apenas quatro hóspedes do *resort*.

Qual seria sua percepção do atendimento se você voasse para Singapura, se hospedasse no Marina Bay Sands e lesse no jornal do dia seguinte que perdera a noite de estreia de *O Rei Leão* no *resort*?

"Construímos a propriedade com rapidez", disse George Tanasijevich, presidente e CEO que sucedeu os quase dois anos de mandato de Tom Arasi. "Tom Arasi concluiu a construção do Marina Bay Sands e nos levou a vencer nosso primeiro e difícil ano de operação. Agora precisamos construir, ainda mais depressa, um serviço de categoria internacional."

A Arquitetura para Construir uma Cultura da Excelência em Serviço

Nos últimos vinte e cinco anos, estudei inúmeras empresas e vi em ação suas filosofias de atendimento. Entrevistei milhares de membros de suas equipes e seus líderes. Sou profundamente curioso quando investigo como as atitudes, as políticas e as práticas das pessoas evoluem em uma organização e vejo como tudo se encaixa quando construímos uma cultura da excelência em serviço.

Testemunhei culturas de serviço ascenderem a grandes alturas. Vi culturas de serviço se formarem em diferentes indústrias e países ao redor do globo. Algumas foram impelidas por uma luta para competir, superar dificuldades ou resolver um problema persistente. Outras foram motivadas por metas ambiciosas a atingir, fusões a completar ou novos mercados a penetrar e conquistar. E algumas foram simplesmente inspiradas por pessoas que viram o mundo por lentes mais amplas – gente que acreditava em criar uma cultura da excelência em serviço como um propósito maior que elas mesmas.

Há uma incrível constância entre as empresas e as organizações bem-sucedidas que encontrei. Uma nítida arquitetura para montar uma poderosa cultura da excelência em serviço emerge repetidas vezes. Essa arquitetura comum envolve muitas áreas e atividades que as grandes organizações já utilizam. Elas exigem planejamento cuidadoso e atividade coordenada e levam a resultados compensadores.

Ainda mais intrigante, eu conseguia ver que elementos estavam faltando ou fora de esquadro sempre que encontrava uma organização com cultura de serviço com dificuldades ou falhas. E o motivo também era claro: embora todas as áreas possam ser ativas em uma organização, são, muitas vezes, gerenciadas por diferentes departamentos e não são planejadas, desenvolvidas ou integradas a um propósito ou visão unificadores. Isso leva a esforços desarticulados e desconectados e a mensagens confusas e até contraditórias entre membros da equipe.

No topo dessa arquitetura comprovada está a Liderança em Serviço, que investigamos nesta seção. Educação viável para o serviço constitui uma base vital para o aprendizado contínuo e a Melhoria de Serviço. Você descobrirá os princípios fundamentais de atendimento da excelência em serviço – e como aplicá-los em cada tarefa, função e situação – na Parte Quatro, Aprender.

Conectar liderança em serviço com educação para o serviço envolve um conjunto de áreas importantes e interconectadas que chamei "Os 12 Blocos de Construção da Cultura de Serviço". Nos capítulos seguintes, vamos investigar em detalhe cada um desses blocos de construção essenciais:

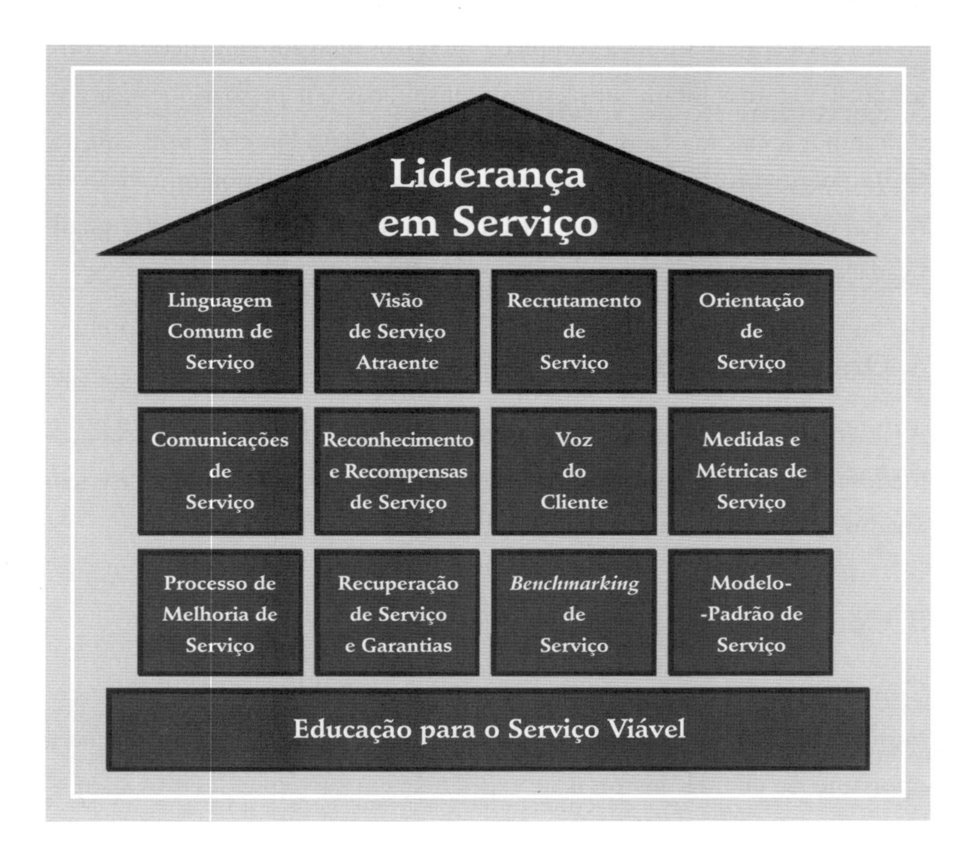

1. Linguagem Comum de Serviço

Amplamente compreendida e empregada com frequência pelos provedores de serviço por toda a organização, uma Linguagem Comum de

Serviço possibilita a comunicação clara e dá suporte à entrega de serviço interno e externo.

2. Visão de Serviço Atraente

Avidamente adotada e apoiada, uma Visão de Serviço Atraente energiza a todos. Cada pessoa vê como a visão se aplica ao próprio trabalho e entra em ação para torná-la real.

3. Recrutamento de Serviço

O Recrutamento de Serviço efetivo atrai pessoas que apoiam a visão de serviço da organização e afasta aquelas que podem ser tecnicamente qualificadas, mas não se alinham à visão, ao espírito e aos valores propostos.

4. Orientação de Serviço

A Orientação de Serviço para os novos membros da equipe tem de ser acolhedora e realista. Esses membros devem ser informados, inspirados e encorajados a contribuírem para sua cultura.

5. Comunicações de Serviço

Comunicações de Serviço vibrantes informam e educam. Canais de comunicação criativa alcançam a todos, com informação relevante, *feedback* oportuno do cliente, histórias de excelência em serviço e desafios correntes e objetivos.

6. Reconhecimento e Recompensas de Serviço

Reconhecimento e Recompensas de Serviço motivam a equipe a comemorar melhorias e conquistas do serviço. Reconhecimento, incentivos, prêmios, promoções e elogios – tudo ajuda a concentrar a atenção e a encorajar melhores resultados.

7. Voz do Cliente

Atividades com a Voz do Cliente captam os comentários, os elogios e reclamações dos clientes. Essas vozes vitais devem ser compartilhadas com provedores de serviço de uma ponta à outra da organização.

8. Medidas e Métricas no Serviço

Meça o que importa para concentrar atenção, projetar uma nova ação e criar resultados positivos de serviço. Seu pessoal deve entender o que está sendo medido, e por quê, e o que deve ser feito para acertamos o alvo.

9. Processo de Melhoria de Serviço

Um forte Processo de Melhoria de Serviço assegura que a contínua melhoria no serviço é o projeto permanente de todos. Conserve seus métodos vibrantes e variados; mantenha altos níveis de participação.

10. Recuperação de Serviço e Garantias

Quando as coisas derem errado, dê a volta por cima! Uma Recuperação de Serviço e Garantias eficiente transforma clientes irritados em leais defensores e membros da equipe em verdadeiros crédulos.

11. *Benchmarking* de Serviço

Descubra quais são e aplique as melhores práticas de outras organizações dentro e fora de sua indústria. O *Benchmarking* de Serviço revela o que outros fazem para melhorar o serviço e aponta novos meios de você incrementar o seu.

12. Modelo-Padrão de Serviço

Todo mundo é um Modelo-Padrão de Serviço. Todos estão de olho. Líderes, gerentes e funcionários da linha de frente devem mostrar todos os dias, com poderosas ações pessoais, que seguem o que dizem.

Mesmo que você encontre um método na ordem em que apresento e explico os blocos de construção, eles poderão ser empregados em ordem diferente na sua organização. Podemos preferir nos concentrar primeiro em qualquer bloco de construção para o qual exista uma necessidade ou um desafio atual na companhia. Podemos achar melhor começar onde o trabalho é mais fácil, tendo rápidos resultados com relativamente pouco esforço. Podemos optar por enfrentar uma área difícil ou complicada em algum momento, mais tarde. Ou podemos trabalhar em uma área onde a necessidade é grande ou o impacto seja mais visível.

Duas coisas são certas com base em meus anos de estudo e no que vi em todas as organizações que tive o privilégio de ajudar. Primeiro, essas 12 áreas são vistas, com frequência, como responsabilidade da administração, mas todos, em todos os níveis, podem contribuir com ideias e ações. Segundo, quando esses blocos de construção forem conectados, quando forem alinhados para se apoiarem uns nos outros, desfrutaremos de poderosas sinergias atualmente inexploradas e experimentaremos dramática aceleração na *performance*.

O Segredo é uma Arquitetura Bem-Sucedida

"Aquilo é uma flor?", perguntou Todd. Ele estava parado no 57º andar do SkyPark e apontava para um edifício de estrutura floral branca, muito abaixo das torres do Marina Bay Sands. "Aquele prédio tem exatamente a forma de uma flor."

"Expliquei que ele estava vendo de cima o novo Museu da Ciência e Arte. As pétalas, apontando para o céu como uma flor aberta, convidavam as pessoas e a prosperidade do mundo a lhe fazer uma visita.

"Agora dê uma olhada ali", disse eu, apontando na direção oposta. "Estão construindo um jardim inteiro de prédios; é chamado Jardins da Baía. É um imenso jardim botânico cheio de lojas elegantes e restaurantes de classe internacional. E veja ali", disse eu, mais uma vez, apontando para uma terceira direção. Uma enorme roda-gigante, com grandes cápsulas à volta, cada uma com capacidade para até 30 pessoas, se elevava em um grande arco sobre o solo. O Singapore Flyer estava oferecendo outra vista ampla e clara do porto e da cidade.

"Isso é incrível", Todd respondeu. "É difícil acreditar que sejam edifícios. Como foram construídos? Parece quase impossível."

Sua pergunta era irônica em vista do "poleiro" onde ele estava, 57 andares no ar, perto de uma enorme piscina que se curvava entre as nuvens.

"Está tudo na arquitetura", disse eu. "Tudo é possível com a arquitetura certa. Você pode construir prédios incríveis e culturas de serviço igualmente incríveis."

PARTE TRÊS

CONSTRUIR

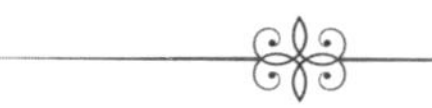

Capítulo 7

Linguagem Comum de Serviço

Usar e promover uma Linguagem Comum de Serviço é o primeiro bloco de construção na cultura da excelência em serviço. Por que esse bloco de construção vem em primeiro lugar? Porque os seres humanos criam o mundo em que vivem usando a linguagem. Criamos significado com a linguagem e podemos mudar nosso mundo inventando ou adotando uma nova linguagem.

Aqui está um exemplo. Singapura é uma fascinante mistura de raças, religiões e culturas, com quatro línguas oficiais: inglês, malaio, mandarim e tâmil. Uma língua comum mais acessível, o *singlish*, une, de maneira informal, o país. Os alto-falantes são famosos por colocar *lah* depois de certas palavras como *OK-lah* e em frases curtas e enérgicas: "Mas como?", "Pode ou não pode?" e "Por que você gosta tanto disso?" [*Why you so like dat lah?*]. O *singlish* é conciso e eficiente. Seus falantes estão concentrados em atingir a meta de toda interação. E funciona. Mas não é endossado pelos líderes eleitos do país. Em vez disso, o governo realiza campanhas – "Fale um bom inglês" e "Fale um mandarim correto" – para estimular uma força de trabalho mais fluente e competitiva em termos globais.

Os líderes de Singapura podem não encorajar o *singlish*, mas, sem dúvida, compreendem o poder de uma Linguagem Comum de Serviço quando se trata de construir uma cultura de serviço. Pense no problema enfrentado pelo serviço público de Singapura – sistema de governo em larga escala com 127 mil funcionários em 15 ministérios e mais de 50 comissões e conselhos. Imagine um cidadão, um turista ou um empregador com alguma dúvida tentando descobrir que repartição procurar. Na grande maioria das vezes, ele tentaria um contato telefônico, onde ouviria a voz de um funcionário público: "Desculpe, você ligou para o número errado". Esse não é um serviço de categoria internacional.

Então os líderes do serviço público de Singapura criaram uma nova expressão – e uma filosofia –, implementando uma norma chamada "Sem Porta Errada". Hoje, se você ligar para a repartição errada do governo, um funcionário público assumirá a responsabilidade pessoal de transferi-lo ao funcionário certo em outra agência do governo e não desligará até que você tenha êxito na conexão. "Sem Porta Errada" evidencia o poder de uma Linguagem de Serviço Comum: é simples, difícil de ser esquecida e eficiente.

A Singapore Airlines é amplamente reconhecida por padrões de serviço invariavelmente impecáveis. A companhia também é estudo de caso de padrão internacional no desenvolvimento e emprego da Linguagem Comum de Serviço. Nos anos 1970, a linha aérea adotou o atendimento como principal estratégia diferenciadora, com um *slogan* inspirador, "Serviço Sobre o Qual Até Outras Linhas Aéreas Comentam", e criou o popular ícone da Moça de Singapura como a personificação em voo dessa promessa. Em 1987, a companhia quis melhorar os padrões de serviço no solo para equipará-los a uma bem merecida reputação no ar. Foram criados uma nova expressão e um programa educacional "Serviço de Primeira no Solo", *Outstanding Service on the Ground* (OSG). No mundo inteiro, funcionários da Singapore Airlines aprenderam o significado do acrônimo OSG e como colocá-lo em ação. Embora o programa tenha sido cortado uma década mais tarde, a linguagem comum persiste em mensagens de telex como esta: "PLS DAPO OSG PAX @ LAX". Tradução: "Por favor, faça todo o possível para providenciar serviço diferenciado no solo para este passageiro, na chegada ao Aeroporto Internacional de Los Angeles". No final dos anos 1990, foi criado um programa para suceder o OSG chamado "Transformando o Serviço ao Cliente" [*Transforming Customer Service* – TCS]. E, em 2003, um novo serviço para a tripulação de cabine foi lançado, enfatizando a aspiração definidora da companhia de providenciar um serviço que exceda, de longe, o da concorrência: Serviço Melhor e Acima dos Outros (*Service Over and Above the Rest* – SOAR).

Reflita, agora, sobre como a Microsoft acrescentou uma Linguagem Comum de Serviço para ajudar a criar soluções mais desejáveis aos seus clientes. Durante muitos anos, a Microsoft rastreou a "resolução do primeiro contato", medida da rapidez com que resolve um problema na primeira vez que um cliente ou parceiro faz contato. Os métodos de medir a resolução do primeiro contato são comuns em toda essa empresa de *software* voltada à satisfação do cliente. Painéis mostram em números e porcentagens quantos problemas são resolvidos em menos de 8 horas, entre 8 e 24 horas, depois de mais de 24 horas ou não são absolutamente resolvidos. Quando aprendeu a linguagem da excelência em serviço, a Microsoft acrescentou uma nova coluna chamada "Classificação de Serviço". Agora, ao lado das estatísticas impessoais, há uma classificação da experiência do cliente usando alguns dos termos que você aprenderá na Parte Quatro deste livro: *criminoso, básico, esperado* e *desejado.*

Com o acrécimo dessa nova linguagem de serviço, os gerentes estão fazendo perguntas novas e, às vezes, inquietantes. Em vez de perguntas puramente técnicas e voltadas a tarefas, tipo "Como podemos reduzir esse número em 10% para bater nossa meta trimestral?", estão agora fazendo perguntas sobre a experiência do cliente e do parceiro: "Este painel mostra que apenas 66% de nossos clientes estão conseguindo o que desejam. Então, o que os outros estão conseguindo? E o que estamos fazendo a esse respeito?".

Qual é a sua Linguagem Comum de Serviço?

Sua Linguagem Comum de Serviço pode se tornar tão famosa quanto a Disney se referindo aos seus empregados como membros do elenco ou ao Subway chamando os funcionários de artistas do sanduíche. Sua linguagem pode se tornar tão forte a ponto de permear a organização e até mesmo a sociedade em geral. Antes de o Starbucks se tornar popular, a frase mais comum associada ao café nos Estados Unidos era a "xícara sem fundo". Hoje, pelo país e o mundo inteiro, os fregueses pedem *cappuccinos* grandes, desnatados, com doses extras e secos.

Muitas organizações não percebem que já dispõem de uma Linguagem Comum de Serviço – a qual, em alguns casos infelizes, não é absolutamente positiva. O administrador de uma estação de rádio que certa vez consultei veio com essa: "Quando os ouvintes se queixam, instruímos nosso pessoal a dizer: 'Quando chegar a conta de seu prazer de ouvir, apenas não pague." É uma linguagem terrível para um líder empregar ou pedir que seja usada por seus funcionários.

Para construir uma cultura da excelência em serviço, a Linguagem Comum de Serviço é um bloco crucial para esclarecer um significado, promover um objetivo e alinhar as intenções e os objetivos de todos. Ela deve ser de fácil entendimento e aplicação em situações reais de serviço. Tem de fazer sentido para provedores de serviço interno e externo e para membros da equipe em cada nível da organização. Sua Linguagem Comum de Serviço deve ser significativa e atraente – um vocabulário compartilhado para focar a atenção e as ações de sua equipe.

A Parkway Health desenvolveu muito mais sua Linguagem Comum de Serviço ao longo do caminho testado. Foram criados cinco valores centrais de serviço, todos conectados à palavra UP, refletindo a intenção e aspiração de a organização se distinguir na área médica por uma cultura da excelência em serviço. A articulação desses cinco valores incluem linguagem atraente para a cabeça, orientadora para as mãos e inspiradora para o coração de enfermeiros, médicos, técnicos de laboratório, e cada membro do time da Parkway Health. Isso é Linguagem Comum de Serviço em ação, lembrando cada dia a cada um de nós o que devíamos saber, o que dizer e o que fazer.

Naiade Resorts era o nome de um dos maiores grupos hoteleiros das Ilhas Maurício, com 9 *resorts* nas ilhas Maurício, Reunião e Maldivas. Há pouco

LEVANTAR
[*STAND UP*]
Prometo que POSSO (e VOU) **assumir responsabilidade pessoal** para fornecer serviço de qualidade superior a meus parceiros internos e clientes externos

VESTIR-ME
[*SUIT UP*]
Prestarei atenção especial a meus **cuidados pessoais, código de vestimenta, comunicações verbais e escritas**

FALAR ALTO
[*SPEAK UP*]
Vou criar uma **primeira** e última impressão positivas, sendo sempre o primeiro a **estender a mão, sorrir** e **dar uma palavra de agradecimento** (onde for apropriado)

APRESENTAR-ME
[*STEP UP*]
Vou procurar entender o **valor de serviço** das pessoas a quem sirvo e me esforçarei para **superar** suas expectativas em todas as ocasiões

FICAR DESPERTO
[*STAY UP*]
Vou procurar apresentar serviço **de modo consistente** no nível **desejado** e buscar oportunidades de ser **inesperado** e **incrível**

tempo, o grupo completou uma drástica transformação ao adotar a nova marca e estilo de serviço chamados "Island Light" [Ilha de Luz]. A visão deles é "Cada Momento Importa", em cumprimento ao inspirador propósito de estar "Ajudando Pessoas a Celebrar a Vida". A transformação da marca Naiade em LUX* Island Resorts foi um extraordinário projeto envolvendo novas imagens e novas composições artísticas, com 50 alterações criativas, incluindo *snack bars* meio escondidos, barracas de sorvete que surgiram da noite para o dia e chamadas telefônicas livres para os hóspedes ligarem para suas casas. Transformar a atitude e o comportamento de mais de 2.500 empregados era igualmente ambicioso e requeria a própria imagem especial e uma nova linguagem. Enquanto uma bela borboleta captura a cor e a elegância da nova marca LUX*, a notável transformação de uma lagarta em borboleta caracteriza os desafios a cada membro da equipe do *resort*. Paul Jones, CEO dos Resorts da Ilha LUX*, gosta de fazer esta pergunta à sua equipe: "Hoje, ao servirmos nossos hóspedes e uns aos outros, somos uma lagarta ou uma borboleta?".

Perguntas para Provedores de Serviço

- Você conhece a Linguagem Comum de Serviço de sua organização? Se ainda não tem essa linguagem, você pode ajudar a criar uma?
- Você usa, todos os dias, uma Linguagem Comum de Serviço? Como pode usar essa linguagem de modo mais frequente ou criativo para tornar sua cultura de serviço mais forte?

Perguntas para Líderes de Serviço

- Você desenvolveu uma Linguagem Comum de Serviço construtiva e eficiente? Se ainda não o fez, quem pode ajudá-lo a criá-la?

- Você usa e promove ativamente uma Linguagem Comum de Serviço positiva? Você "procura impressionar" para que sua equipe se interesse em ouvi-lo usar todos os dias essa linguagem?
- Você incorporou uma Linguagem Comum de Serviço a seus sistemas e procedimentos? Trabalhar em sua organização leva naturalmente sua equipe a ouvir essa linguagem, lê-la e usá-la?

Capítulo 8

Visão de Serviço Atraente

Em 1985, uma campanha publicitária mudou para sempre o estado do Texas.

Imagine que você mora no maior estado dos Estados Unidos continental. Está viajando de carro com a família, contemplando trechos da rodovia que parecem intermináveis. Ao longe, você pode ver colinas onduladas, desertos áridos, ranchos imensos, grandes rios ou belos horizontes urbanos.

Quem estivesse viajando nessas rodovias no início dos anos 1980 também observaria algo muito menos agradável – um monte de tralhas, imundícies e lixo ao longo da estrada. O acúmulo de lixo tornara-se um grande problema. O Departamento de Transportes do Texas sabia que o problema tinha de ser enfrentado. O orçamento do estado para limpeza de estradas estava crescendo tão rápido quanto as pilhas de lixo.

Os texanos têm orgulho de sua herança. Muitos cresceram em rodeios, trabalhando em ranchos de gado e em refinarias de petróleo. São eles os verdadeiros *cowboys* dos Estados Unidos. E, se você quer que parem de jogar lixo pelas janelas de suas picapes, um anúncio de utilidade pública, tipo "Conserve a Beleza do Texas", simplesmente não vai resolver.

Mas o que dizer de uma campanha que atinja, de maneira profunda, a psique da turbulenta multidão do Texas, que se valha de sua dureza, de seu orgulho e da própria identidade como texanas? A nova campanha foi um desafio arrojado, confiante, e alcançou um público bastante amplo. "Não Mexa com o Texas".

Amplamente adotada desde a estreia, "Não Mexa com o Texas" se tornou uma visão estimulante para o estado, e foi atribuída a ela a redução, só nos primeiros quatro anos, de 72% dos detritos nas estradas. A mensagem perdura ainda hoje como um grito de guerra pelo orgulho do Texas que o mundo inteiro reconhece.

É isso que fazem as Visões de Serviço Atraentes – unificam e energizam todas as pessoas em uma organização. Evocam uma possibilidade que cada um pode entender e se dispor a alcançar no trabalho, na função, na equipe e na organização. Uma Visão de Serviço Atraente guia todos para a iniciativa de tornar a visão real. Não importa como você chama esse bloco de construção: missão, valor central, princípio orientador, credo, lema, *slogan*, ditado ou *tagline*. O que importa é que sua Visão de Serviço é *atraente*.

Quando comecei a trabalhar com a Nokia Siemens Networks, o conselho executivo tinha aprovado recentemente uma nova posição de marketing: *Knowing How* [Sabendo Como]. Ela promovia as bem conhecidas e amplamente respeitadas energias para a *expertise* técnica da Nokia Siemens Networks. Mas a companhia estava sendo desafiada por concorrentes chineses que não necessariamente sabiam mais, mas estavam fazendo mais pelos clientes, com grandes equipes de trabalhadores mal pagos.

Ter o *know-how* é importante, mas o que realmente importa é fazer algo com seu conhecimento para ajudar alguém. A liderança de serviço global da empresa se reuniu na Índia, sob a orientação do sr. Rajeev Suri, que logo se tornaria CEO de toda a organização. "Sabendo Como" evoluiu para "Sabendo Como, Fazendo Agora" (*Knowing How, Doing Now*), que era melhor, mas ainda faltava alguma coisa. Por que fazer agora? Que resultado se pretendia alcançar?

O ar na sala estava pesado com o foco e a frustração que muitas vezes acompanham um esforço de criar uma visão melhor. Um dos líderes riu baixinho e depois sorriu. Não conhecido por hipérboles ou exageros, ele expressou sólida confiança na empresa quando disse: "Saber Como, Agir Agora, Criar Surpresa!" [*Know How, Act Now, Create Wow!*].

A frase simples, mas vigorosa, tornou-se foco orientador para mais de 60 mil funcionários da Nokia Siemens Networks em todo o mundo. "Saber Como" significa conhecer seus clientes, saber o que querem, de que precisam, o que podemos fazer para ajudá-los e o que os concorrentes estão fazendo de modo diferente ou melhor do que nós. "Agir Agora" significa não esperar, estender os braços, entrar em ação e fazer as coisas acontecerem. "Criar Surpresa" significa surpreender os clientes, deixar os colegas felizes, ir além das expectativas, criar espanto – de imediato.

Pense na NTUC Income nos primeiros estágios de sua revolução cultural, trabalhando muito para superar anos de missão, visão e valores de desempenho ao estilo do serviço público. Membros do comitê executivo mostraram a mim uma longa lista de propostas de padrões de serviço que pareciam mais um manual de *compliance* que parâmetros para satisfazer a alguém. Li a lista em sua sala de reuniões e suspirei. "Essas declarações parecem tão mortas. Vocês realmente precisam de algo mais vivo."

O CEO ouviu o que estava esperando ouvir e deu um pulo. "É isso! Quando os membros de nossa equipe vêm trabalhar, queremos que se sintam vivos. Quando atendemos nossos clientes no balcão ou ao telefone, queremos que se sintam vivos. Quando nossos agentes atendem os clientes fora da empresa, queremos que tanto uns quanto outros se sintam vivos. Essa é nossa visão para o novo estilo de serviço da NTUC Income: 'Serviço Vivo!'"

Imagine você ir para o trabalho esperando que cada contato que tiver com outra pessoa possa fazê-la se sentir mais viva. Tão simples, tão poderoso e tão eficaz. Hoje, a NTUC Income usa "Serviço Vivo!" como tema central de muitos de seus programas de recrutamento de serviço, orientação, comunicação, reconhecimento, melhoria contínua e suporte de vendas.

Uma Visão de Serviço Atraente é como um mantra para motivar sua equipe e mantê-la concentrada na excelência em serviço. Às vezes, o mantra vai evoluir. O Marina Bay Sands abriu as portas com uma poderosa declaração interna para levar o moral dos funcionários aos mesmos cumes elevados do deslumbrante SkyPark no 57º andar do *resort*: "Somos Magníficos!".

Essa visão estimulante manteve alto o moral durante os primeiros desafios enfrentados por qualquer *resort* novo, em especial um daquele porte, com aquela complexidade, com perfil tão elevado. No entanto, quando se ajustaram aos desafios diários, os membros da equipe também entenderam que ser magnífico não é apenas um momento no tempo. É uma busca sem fim para passar a experiência da magnificência a cada visitante e a cada membro da equipe. A questão não é ser magnífico, mas garantir que a *experiência* da magnificência seja desfrutada por outros.

Quando o Marina Bay Sands evoluiu, sua visão passou de "Somos Magníficos" para "A Jornada para a Magnificência". Essa Visão de Excelência em Serviço vive hoje nas ações de cada membro da equipe e nas muitas experiências da excelência em serviço que eles criam.

Essas frases simples podem parecer apenas uma bela coleção de palavras. Mas o poder dessas palavras não deveria ser subestimado. Empresas que se dão ao trabalho de definir, refinar e elaborar uma Visão de Serviço Inspiradora chegam a uma compreensão maior de seu valor, de seus clientes e de si mesmas.

Atraindo seus Funcionários

Funcionários são as pessoas que dão vida a uma visão de serviço. Eles a tornam real com as ações que realizam todos os dias. Para esses provedores de serviços vitais, uma Visão de Serviço Atraente estimula a criatividade, motiva uma nova ação e os inspira a produzir, todo dia, experiências da excelência em serviço.

A empresa de entregas expressas TNT usa uma visão simples na Ásia, mas eficiente: "Trazemos o jogo do *WOW* para o serviço!". Para os motoristas de seus caminhões, os classificadores de pacotes e os funcionários de *call-center*, essa simplicidade e vibração funcionam.

Liguei para a TNT para agendar a coleta de um pacote em uma tarde chuvosa. Depois que confirmou meu endereço, o conteúdo do pacote, o peso e o destino final, a representante do serviço perguntou se poderia me dizer mais uma coisa, e respondi "é claro que sim".

Seu tom se alterou ligeiramente, e ela falou um pouco mais devagar que antes. "Sr. Kaufman", disse ela. "Está chovendo aqui, mas tudo bem. Porque clientes como o senhor põem a luz do sol em nossa vida."

Sorri e ri. O que ela disse não estava em nenhum *script*. Não era esse o padrão da companhia. Foi uma ação edificante de um membro da equipe antenado com uma Visão de Serviço Inspiradora. Ela fez a coisa acontecer numa tarde triste. Pôs o jogo do *WOW* no serviço.

Atraindo seus Clientes

Sua Visão de Serviço Inspiradora também pode ressoar com os clientes a que você serve. Na Southwest Airlines, a Visão de Serviço Inspiradora é: "Tornamos divertido voar". É por isso que a tripulação da cabine veste fantasias no Halloween e canta "Parabéns a Você" para passageiros no avião. É por isso que um vídeo de alto nível da Southwest Airlines no YouTube mostra um membro otimista da tripulação fazendo *rap* das mensagens de pré-voo (confira).

É por causa dessa Visão de Serviço Inspiradora que a Southwest Airlines não contrata uma nova equipe que não tenha senso de humor; é por isso que a equipe pede aos passageiros que digam alô a estranhos que vêm do outro lado do corredor; e é por isso que fazem observações como essa antes da decolagem: "Senhoras e senhores, no caso improvável de perda de pressão da cabine, as máscaras de oxigênio cairão sobre suas cabeças. Se estiver viajando com uma criança, por favor, ponha primeiro a máscara em você e depois ajude a criança. Se estiver viajando com mais de uma criança, por favor, decida agora de qual delas você gosta mais". Não são só os passageiros com crianças que riem. Todos mostram um sorriso; todos sabem que aquilo é só brincadeira e participam.

Atraindo seus Parceiros

O aeroporto Changi tem 28 mil funcionários que vêm trabalhar todos os dias para 219 organizações diferentes: companhias aéreas, polícia, alfândega, imigração, restaurantes, lojas de varejo e bancos. Imagine a fragmentação e confusão que poderia ocorrer se todos não tivessem o mesmo entendimento e compartilhassem da mesma visão.

Quando você está em um aeroporto que não conhece e tem uma dúvida, a quem vai perguntar? Fará uma pausa para localizar o balcão oficial de informações e caminhará pacientemente até lá para esperar sua vez? Ou simplesmente perguntará ao primeiro que estiver usando algum tipo de uniforme ou trabalhando em alguma loja, alguém que trabalhe no prédio?

No aeroporto Changi, pessoas que trabalham nas cafeterias conhecem as localizações dos portões de embarque e os modos mais rápidos de chegar lá. Funcionários de linhas aéreas que trabalham nos portões sabem onde você pode comprar lembrancinhas de última hora. A polícia do aeroporto pode lhe informar como achar o correio e a que horas ele abre. Funcionários da Imigração e da Alfândega vão responder, com prazer, às suas perguntas sobre como chegar à cidade.

Mas como as autoridades aeroportuárias criam essa comunidade apaixonadamente dedicada ao serviço, à assistência e à informação? Começam com uma Visão de Serviço Inspiradora: "Muitos Parceiros, Muitas Missões, Um Changi". Nessa notável porta de entrada, todos trabalham juntos para criar, a cada dia, experiências positivas.

Qual é a sua Visão de Serviço Inspiradora?

Uma Visão de Serviço Inspiradora pode diferenciá-lo das outras pessoas, comunicar sua vantagem como empregador otimista, sua reputação de provedor da exelência em serviço e seu valor como membro vibrante da comunidade.

Quando você compete com preços mais baixos, qualquer um que venda mais barato pode tomar sua frente. Quando você compete com um produto mais novo, qualquer um com um produto ainda mais novo vai atrair os holofotes. Mas quando você compete com uma Visão de Serviço Inspiradora que molda toda a sua cultura, entram na disputa a qualidade dos relacionamentos que você constrói e as experiências que proporciona. Você se destaca pelo comprometimento com uma nova ação que cria mais valor a outros. Quando você compete com excelência em serviço, compete com uma visão de vencer. É extremamente difícil para os concorrentes desafiar e superar sua organização quando a *performance* de seu serviço não para de melhorar.

Uma Visão de Serviço Atraente deve ser inspiradora, motivadora, orientadora e de excelência para seus prestadores de serviços e seus clientes. A sua é assim?

Perguntas para Provedores de Serviço

- Você conhece a Visão de Serviço Inspiradora de sua organização? Pode compartilhar, com as próprias palavras, o que ela significa?
- Que providências você pode tomar hoje mesmo para fazer sua Visão de Serviço ganhar vida para seus clientes e colegas?

Perguntas para Líderes de Serviço

- Você tem uma Visão de Serviço Inspiradora que estimula a criatividade e ativa em sua equipe a paixão pelo serviço?
- Você está compartilhando, entusiasticamente, com seus funcionários, clientes e sócios, exemplos de sua Visão de Serviço em ação?
- Como você pode vincular sua Visão de Serviço a blocos de construção de outras culturas: Recrutamento de Serviço, Orientação de Serviço, Comunicações de Serviço e Reconhecimento e Recompensas de Serviço?

Capítulo 9

Recrutamento de Serviço

Estima-se que o Google receba mais de meio milhão de currículos a cada ano. Não é segredo que a empresa é um dos empregadores mais procurados atualmente e dispõe dos mais invejáveis ambientes de trabalho. O Google quer contratar os melhores funcionários do mundo. Para ajudar o Google a escolher o candidato certo, a companhia desenvolveu um processo de entrevistas amplamente reconhecido como uma das mais rigorosas triagens de emprego do mundo.

Imagine que você resolveu se candidatar. Primeiro, seu currículo é avaliado pelo departamento de recrutamento. Tenha em mente que a grande maioria dos inscritos são eliminados nessa primeira barreira. Em segundo lugar, se seu currículo sobrevive às primeiras análises, vão contatá-lo ao telefone para uma entrevista de 30 a 40 minutos. Se conseguir passar na entrevista ao telefone, você será convidado a comparecer aos escritórios do Google para entrevistas presenciais com membros da equipe e gerentes do departamento que você está procurando ingressar. Vão submetê-lo a uma cuidadosa avaliação de conhecimento apropriado, pensamento inovador, aptidões para resolver problemas e competências técnicas.

Por fim, se você ainda estiver concorrendo, vão solicitar que retorne para outra rodada de entrevistas. Agora você poderá se encontrar com pelo menos quatro membros diferentes da equipe do Google, incluindo gerentes e colegas potenciais, para ver se você é a contribuição cultural certa – para aferir se é suficientemente "googley". O Google acredita que grandes pessoas são atraídas por, e para, outras grandes pessoas. Assim, ao envolver tanta gente no processo de contratação, a companhia acha mais provável encontrar, selecionar e convidar para trabalhar com eles funcionários que vão prosperar e permanecer no Google.

O Google é um tipo único de organização de serviços dedicada a fornecer toda a informação do mundo da melhor maneira, mais rápida e mais acessível. O primeiro princípio básico do Google é "Foco no usuário, e tudo mais se seguirá". Tudo que eles fazem é providenciar a melhor experiência possível ao usuário.

Mas pouquíssimos funcionários da empresa interagem pessoalmente com clientes. Imagine um programador brilhante que fica o dia todo atrás de uma tela criando programas imbatíveis ou inventando o próximo algoritmo capaz de mudar o mundo. Talvez ele nunca tenha de ensaiar um sorriso, apertar a mão de alguém ou se encontrar cara a cara com um usuário ou um anunciante. Mas esse funcionário precisa trabalhar de maneira suave com os colegas. É por isso que o Google aplica tamanho esforço para recrutar e contratar apenas os que se ajustam à brilhante cultura "Googley" da companhia. Pôr a pessoa certa no negócio é especialmente importante quando o negócio é extraordinário e o comando está em nossa mão.

A Zappos é tão excepcional quanto o Google, mas tem uma cultura empresarial completamente diferente. A empresa de compras *on-line* é amplamente reconhecida por fornecer um serviço intensamente pessoal e por cultivar uma cultura de serviço maluca. Os dez valores fundamentais da organização incluem não só "Entregar WOW Durante o Serviço", o que não é raro, mas também "Criar Diversão e um Pouco de Estranheza".

Para garantir que os novos contratados se encaixem em sua curiosa cultura, a Zappos pede aos candidatos que sejam um pouco estranhos ao preencher seus formulários. Leia esta cópia da página de empregos do *site* da Zappos; é fácil ver como sua estratégia de recrutamento está reforçando a cultura de serviço.

Jobs.Zappos.com

A Família Zappos tem, atualmente, oportunidades de carreira em 2 fabulosas locações. Uma delas é a "Cidade do Pecado". Pois é, Las Vegas, Nevada. Nossa outra locação abriga a Jim Beam Distillery e os Zappos Fulfillment Centers. Você entendeu, fica em Shepherdsville, no Kentucky. No momento não temos qualquer oportunidade de trabalho em casa. (Desculpe!)

Por favor, confira os 10 Valores Fundamentais da Família Zappos antes de se inscrever! Eles são o coração e a alma de nossa cultura e centrais para o modo como fazemos negócios. Se você é "divertido e um pouco estranho" – e acho que os outros 9 Valores Essenciais também se encaixam em você –, por favor, dê uma olhada em nossas vagas e procure uma ou duas que melhor se adaptem às suas habilidades, experiência e interesse!

Por que pensar em oportunidades conosco? Em janeiro de 2011, a Zappos.com, Inc. e suas afiliadas foram nomeadas #6 na *Fortune* do mesmo ano: Lista das 100 Melhores Empresas para Trabalhar.

E... agora estamos contratando como loucos e procurando resolvedores de problemas espertos, de pensamento à frente, para se juntarem à nossa equipe de padrão internacional e mais ou menos maluca.

PS: Na Família Zappos de Companhias, egos inflados não são bem-vindos. *Eggos* inflados, no entanto, são muito bem-vindos e apreciados!

Oh, mais uma coisa! Cartas de apresentação são muuuuuito antiquadas, não acha? Mostre-nos quem você é com um VÍDEO como carta de apresentação! Você vai conseguir baixar um quando se inscrever a uma vaga.

Google, Zappos e muitos outros líderes de serviços sabem que é muito mais fácil construir uma cultura forte contratando novas pessoas com a atitude correta em vez de contratar pessoas apenas por suas habilidades e depois tentar alinhá-las a uma visão de serviço comum. É por isso que o Recrutamento de Serviço é um bloco de construção tão importante em uma cultura de serviços. Cada novo contrato torna sua cultura mais forte ou seu desafio de construir uma grande cultura de serviço um pouco mais difícil. A pessoa certa vai, naturalmente, na direção correta. Embora mal ajustados culturais possam ser incrivelmente talentosos, bem conectados ou experientes em uma área específica, seu impacto sobre a equipe pode gerar confusão ou ser perturbador. Cada novo contratado envia uma mensagem a todos. Ou você está comprometido com sua cultura de serviço e contrata boas pessoas para provar isso ou seu compromisso é apenas superficial, e sua próxima contratação também provará isso.

Como Atrair e Recrutar o Talento Certo para o Serviço

Existe a máxima testada pelo tempo: o que você pensa se expande em vida e aquilo em que você se concentra fica mais claro. O que você vê e diz repetidas vezes moldará a maneira como vive hoje e quem você se tornará amanhã.

Você pode aplicar esse princípio quando recrutar novos membros para sua equipe colocando em prática os cinco passos a seguir para contratar o talento certo para sua cultura de serviço. Comece tornando fácil os candidatos invariavelmente virem, ouvirem e compreenderem o que sua organização pensa sobre serviço. Aqueles que se alinham à sua visão e aos seus valores serão atraídos para mais perto e vão querer aprender mais sobre seu espírito e propósito. Os que pensam, sentem ou têm crenças diferentes não serão atraídos e naturalmente excluirão a si próprios. Ambos são resultados positivos para sua cultura e seu futuro.

1. Compartilhe sua Visão de Serviço Inspiradora

Use todas as oportunidades para explicar sua Visão de Serviço Inspiradora a futuros candidatos. Coloque uma mensagem edificante sobre a cultura de sua empresa no *site*, em anúncios de emprego e em toda a literatura. Enfatize a importância da Visão de Serviço com sua equipe ao pedir que ela indique ou recomende novos funcionários.

Quando candidatos a emprego se inscreverem, peça-lhes que compartilhem, com as próprias palavras, o que sua Visão de Serviço significa para eles. Você pode verificar rapidamente se os candidatos estão alinhados à sua Visão de Serviço fazendo boas perguntas e ouvindo as respostas deles com atenção.

Por exemplo, se sua visão inclui ser proativo em adicionar valor, você pode perguntar: "O que você considera um ótimo serviço quando queremos ajudar novos clientes?". Se um candidato disser: "Dar a eles exatamente o que pedem e com rapidez", isso é diferente de um candidato dizer: "Dar aos novos clientes o que pedem, mas também fazer recomendações para ajudá-los a entender o que pode auxiliá-los ainda mais". Se sua visão inclui ir além, você pode perguntar: "Conte-me sobre quando você ficou mais orgulhoso da realização de um serviço". Se um candidato explicar orgulhosamente como entregou um projeto no prazo e dentro do orçamento, isso é diferente de alguém que fala sobre coisas que fez por outra pessoa, a qual, para começar, nunca fora planejada. Se sua visão envolve trabalhar como equipe colaboradora e muito unida, você poderia pedir: "Diga como você alcançou um dos maiores sucessos de serviço". Se o candidato responder com muitos "eu", "meu" e "me", isso é diferente de alguém que conta a você sobre "nós" e "nosso".

2. Envolva os Líderes de sua Cultura

Quando a cultura de serviço em sua organização fica mais forte, alguns membros de sua equipe se tornarão líderes culturais. Essas pessoas são como diapasões – vibrando com força, mantendo todos os outros no tom e ajudando sua sinfonia de funcionários, gerentes e departamentos a fazer um atendimento conjunto, mais harmonioso e competente. Em uma situação de recrutamento, esses diapasões podem facilmente acessar quem vai ressoar com a cultura e deve ser contratado e quem está muito fora do tom. É por isso que o Google requer que seus candidatos tenham tantas entrevistas presenciais, pessoais, com empregados já "Googley".

Clientes profundamente leais também podem se tornar embaixadores e líderes de sua cultura. É por isso que a Southwest Airlines envolve seus passageiros frequentes mais leais nos estágios finais da seleção de novos executivos. Isso envolve uma declaração poderosa para ambos os lados. A clientes leais diz que a Southwest Airlines só contratará pessoas absolutamente dedicadas a servir e a satisfazer ao cliente. E, para novos funcionários, a mensagem enviada é ainda mais inconfundível: eles devem ser genuinamente dedicados em atender, de modo edificante, o cliente. Afinal, quem fez a recomendação final para contratar você?

3. Peça aos Candidatos que se Familiarizem com seu Serviço

Para uma visão real da atitude e da compreensão de seus candidatos acerca do atendimento, peça-lhes que experimentem seu serviço, avaliem o serviço do concorrente e façam sugestões para melhorar o serviço atual. Se eles não conseguem ver nada que você pudesse fazer melhor, você pode se mostrar feliz por algum tempo com o desempenho deles. Contudo, se o candidato volta com ideias construtivas ou sugestões para um novo ou melhor tipo de prática, você será mais bem-sucedido – e por tempo muito mais longo – quando essa pessoa se juntar à equipe.

4. Envolva Toda a Equipe como Recrutadores

Seu pessoal já conhece e compreende sua cultura de serviço. Peça-lhes que recomendem pessoas que conhecem, ou com as quais trabalharam no passado, que possam ser grandes acréscimos à equipe. É por isso que a Starbucks consegue contratar e manter tantos empregados novos e bem-sucedidos – porque os atuais baristas estão profundamente envolvidos no recrutamento local, na triagem e no processo de seleção. Seus melhores clientes também já conhecem e apreciam seu serviço. Você pode lhes pedir recomendações para novas contratações.

5. Tenha paciência

Ter um cargo vago na equipe pode ser desconfortável e caro. Mas não deixe que a "síndrome do assento vazio" o leve a preencher essa posição, cedo demais, com a pessoa errada. O impacto de um desajuste subindo em seu ônibus pode tornar a viagem desagradável para todos. E, quando essa pessoa acaba desistindo ou permanece e outros desistem, frustrados, da viagem, você enfrenta outro *round* de desapontamento. Você só quer contratar pessoas que tornem sua cultura de serviço ainda mais forte. Faça, então, essa pergunta a si mesmo: "Seremos felizes se contratarmos esta pessoa e ela ficar conosco para sempre?".

Perguntas para Provedores de Serviço

- O que você está fazendo para atrair as melhores pessoas para se juntar à sua organização?
- Como você pode participar mais ativamente do processo de Recrutamento de Serviço de sua organização?

Perguntas para Líderes de Serviço

- Seu processo de recrutamento está selecionando, de maneira confiável, novos membros da equipe que ajudem a fortalecer e aprofundar sua cultura de serviço?
- Que perguntas estão sendo feitas em suas entrevistas de recrutamento? Que outras perguntas o ajudariam a identificar candidatos mais perfeitamente alinhados à sua visão e aos valores de serviço?
- Quem está envolvido no seu processo de Recrutamento de Serviço agora? Quem mais você poderia envolver para tornar esse processo vital ainda mais efetivo?

Capítulo 10

Orientação de Serviço

Seu Processo de Recrutamento de Serviço funcionou como um feitiço e agora é o primeiro dia de trabalho dos novos funcionários. Como você vai orientá-los para que se conectem à sua cultura da excelência em serviço e contribuam com ela?

Infelizmente, muitos programas de orientação empresarial estão longe de ser inspiradores. Com frequência, são pouco mais que instruções robóticas: esta é a sua mesa; esta é a sua senha; aqueles são seus colegas; estas são as ferramentas, os sistemas e os processos que usamos; sou seu chefe; se tiver alguma dúvida, pergunte. Bem-vindo à organização. Agora vamos ao trabalho.

OK, não é tão ruim assim. Ou é?

Você se lembra de seu primeiro dia ou semana no trabalho? Você se sentiu à vontade com os os novos clientes, novos colegas e as novas expectativas? A empresa tinha um programa bem planejado para ajudá-lo a se conectar, a se adaptar e a seguir em frente? As pessoas se esforçavam para fazê-lo se sentir querido e bem-vindo? Se sim, você sabe quanto isso significa para alguém novo. Se não, você sabe quanto podia estar perdendo.

Induções e introduções básicas são importantes. Novos empregados precisam saber para onde ir, o que fazer e como as coisas devem funcionar. Mas a indução só os leva a continuar no trabalho – não conecta novos empregados à companhia ou à cultura dela de forma acolhedora e motivadora. E você só tem uma chance de causar uma primeira impressão positiva a um novo cliente. As principais organizações de serviço sabem que o mesmo se aplica a cada novo membro da equipe.

A Orientação de Serviço vai muito além da indução. Fornece contexto valioso, assim como conteúdo útil. Encoraja o bom pensamento e fornece boas respostas a importantes perguntas, como: Quem somos nós? Quem são nossos clientes? Quem são nossos concorrentes? Como nos diferenciamos? O que está funcionando? O que está mudando? Que maior valor podemos criar para nossos clientes, nossa comunidade e um para o outro? Qual é a cultura de serviço que estamos comprometidos a construir aqui? E, mais importante, o que posso fazer, como novo funcionário, para ajudar a tornar nossa cultura de serviço ainda mais forte?

A Zappos ganhou a atenção da mídia global por seu processo de orientação de quatro semanas cruzando departamentos. É um exemplo, em seu melhor momento, da nova orientação nas contratações – incorporando e entregando profundamente a marca e o valor central da empresa, "Entregar WOW por meio do serviço". A Zappos leva o processo ainda mais longe oferecendo um bônus "sair agora" durante o processo de orientação de quatro semanas. Se acha que a cultura não é perfeita para você, a empresa pagará pelas horas que você investiu até agora, mais um bônus em dinheiro para sair com um sorriso. O bônus começou em 100 dólares; foi logo aumentado para 500, 1.000, 1.500 dólares, e agora está em 2.000 dólares para sair por aquela porta. E o CEO, Tony Hsieh, acha que a empresa poderia aumentar novamente a quantia, já que muitas pessoas nem pegam o dinheiro. Você pode dizer que pagar novos empregados para abandonar o emprego é um pouco estranho (o estranho que é outro dos valores centrais da organização e outra razão pela qual ela faz isso), mas essa prática aparentemente estranha resulta em uma nova equipe de *players* totalmente comprometidos e alinhados com a cultura. O objetivo não é se livrar de gente boa; é garantir que fiquem as pessoas certas.

Se a abordagem da Zappos parece extremamente agressiva, é porque a maioria das organizações está apenas cruzando os dedos, esperando que as novas contratações sejam bem-sucedidas. E isso não é nada bom, pois uma simples busca na internet de "programas de orientação efetiva" revela uma enxurrada de estatísticas sobre o tema: uma orientação eficaz leva a maior produtividade, maior engajamento do empregado, retenção mais longa da equipe e melhor serviço interno e externo. Sem dúvida, os resultados valem o esforço.

Você pode concentrar seus esforços de orientação com quatro passos testados: pense e planeje a longo prazo; conecte seu pessoal e sua cultura; forneça uma checagem da realidade; e planeje para uma melhoria contínua.

1. Pense e Planeje a Longo Prazo

A orientação efetiva acontece com o tempo. Novos funcionários chegam com perguntas básicas de recém-admitidos. Como o sistema telefônico trabalha? Onde as pessoas se encontram e comem? Quando e como recebo o pagamento? E tudo deve ser respondido com rapidez. Após a fase inicial de adaptação, essas perguntas vão mudar e amadurecer... Como estou sendo avaliado? Como posso sugerir mudanças e novas ideias? Como posso obter boa orientação e suporte?

Evite a tentação de "acabar com isso" em uma longa e pesada reunião. Em vez disso, estique o processo de orientação e encoraje novos funcionários a construir sua compreensão ao longo do tempo.

Por exemplo, o Marina Bay Sands dá início a um processo de orientação não oficial antes mesmo de o recrutamento se completar. O *resort* tem uma página colorida e interativa, "Sands IQ", no Facebook, onde os que buscam trabalho podem fazer explorações, e os candidatos bem-sucedidos, aprender sobre os muitos restaurantes, áreas de hospedagem, salões de convenção e exposição, lojas de varejo, teatros e cinemas, museu e outras instalações localizadas de uma ponta à outra do complexo do *resort*. Candidatos que querem cultivar a carreira no Marina Bay Sands podem demonstrar interesse por aprender fatos importantes antes mesmo do primeiro dia de trabalho. E aqueles contratados podem acelerar sua orientação visitando com frequência a página do Facebook e contribuir para o recrutamento de novos membros da equipe, compartilhando-a com os amigos.

Ao contrário, no Singapore Press Holdings (SPH), o conglomerado de mídia que publica grande parte dos jornais, das revistas e das publicações *on-line* do país, um único programa de orientação está disponível para os que já estão nos cargos há pelo menos seis meses. O SPH Management Orientation Program (SMOP) reúne membros do editorial, do marketing, da produção, da distribuição, dos recursos humanos, das finanças, das instalações, da TI e de outros departamentos. Ao longo de cinco dias, esse grupo diversificado aprende como cada função de trabalho tem impacto sobre todas as outras. E descobrem que apenas toda a equipe, trabalhando em conjunto com os participantes se servindo entre si pode entregar a essência de sua marca de mídia: "Mentes Inspiradoras. Enriquecendo Vidas".

2. Conecte seu Pessoal e sua Cultura

No aeroporto Changi, a orientação de novas equipes inclui todas as agências e companhias do aeroporto. Membros de companhias aéreas se reúnem com funcionários da Starbucks, do Billabong, do Lonely Planet e da American Express. Faxineiros, representantes de taxistas e carregadores de bagagem encontram membros recém-designados da polícia, da alfândega e da imigração. Essa combinação cria uma comunidade aeroportuária muito articulada, na qual os passageiros recebem atenção direta em todos os nichos de trabalho, e os funcionários respeitam todas as áreas de atendimento no aeroporto e começam a se preocupar uns com os outros, como se fossem uma grande família bem conectada.

Novos funcionários não são os únicos tocados pela Orientação de Serviço; gerentes, empregados, colaboradores, clientes, fornecedores e até famílias de volta para casa também o são. Cada grupo tem diferentes perguntas e preocupações que podem ser abordadas, o que lhes fornece papel ativo no processo de orientação. Sistemas amigos, reuniões de almoço, painéis de discussão, visitas a outras partes da organização, dia da família, portais *on-line*, páginas, conferências por telefone e videoconferências – você pode usar todos esses métodos para *conectar seu pessoal e sua cultura a seu propósito.*

Ver seu nome identificado com uma organização é crucial para construir conexões. Faça com que seus novos funcionários se sintam bem-vindos com algo indicando que ingressaram oficialmente em sua equipe: cartões de visita, placa com o nome, carta pessoal de boas-vindas de executivos seniores, menção na *newsletter* da companhia, foto na intranet ou no *site*. No centro de contato premiado da NTUC Income, é pedido que novos funcionários registrem, por escrito, um compromisso pessoal de manter o "Serviço Vivo!". Na semana seguinte, esses compromissos são orgulhosamente afixados à parede, com fotos, para que todos vejam.

3. Forneça uma Checagem da Realidade

Nenhum local de trabalho é perfeito. Certifique-se de que sua orientação não é apenas uma visita guiada ao que você gostaria que sua empresa fosse. Se seu programa mostra apenas o lado brilhante do negócio e o lado feliz do trabalho diário, não se espante se os novos empregados se desiludirem após algumas semanas. Antes de admitir novos contratados para amar seu trabalho e servir ao mundo, converse com eles sobre as realidades que poderão enfrentar: exaustão, rejeição e estresse.

Uma empresa de tecnologia em meio a uma transformação dolorosa desenvolveu um novo programa de orientação a funcionários com o seguinte tema: "Você saberá mais sobre os problemas que estamos enfrentando hoje que algumas das pessoas que trabalham aqui há anos". Essa nova abordagem criou novos membros da equipe que compreendiam o passado, apreciavam o presente e estavam prontos a contribuir para fazer o futuro melhor.

E vamos admitir que isso, às vezes, não funciona, e o novo contratado não se encaixa na cultura da empresa. Talvez você não possa oferecer 2 mil dólares para ele ir embora, mas pode proporcionar uma oportunidade digna para novos contratados partirem após um curto período de experiência, se optarem por isso. Pode ajudá-los a encontrar cargos apropriados em outras empresas com as quais você trabalha. Ou lhes dar conselhos honestos sobre onde procurar empregos que se adequem à sua maneira de ser.

É sempre melhor se despedir como amigo das pessoas que mostraram interesse genuíno por sua organização. Futuramente, elas poderão concorrer a outro cargo em sua empresa. Ou recomendá-la a um colega mais adequado. Talvez fiquem com a impressão de que sua organização *de fato* não tem qualquer problema interno e compartilhem amplamente essa ideia fora dela. Sempre que alguém não se ajusta e deixa o trabalho, ele deve sair sabendo que a cultura da empresa se importa com isso, a ponto de querer incentivá-lo a progredir.

4. Plano de Melhoria Contínua

Fornecer orientação é sua primeira oportunidade de criar uma comunicação franca com novos funcionários. Comece a relação de trabalho mostrando aos novos contratados que você oferecerá *feedback* e espera o *feedback* deles. Não deixe sua orientação se tornar um fluxo de informações de mão única. Deixe que os recém-chegados tentem compreender a empresa, pesquisem a concorrência, encontrem seus clientes – e, então, gerem as próprias perguntas para você e os colegas responderem.

Você também pode deixar os novos funcionários mais envolvidos pedindo-lhes que ajudem a receber o próximo lote de novos funcionários, oferecendo-lhes uma experiência ainda melhor. Isso assegura que seu programa de orientação permaneça fresco e relevante. E também faz o grupo de novos funcionários se sentir valiosos colaboradores: bem informados, envolvidos e úteis.

Todo esse esforço vale a pena? Bem, uma orientação precária a novos funcionários pode lhe custar caro, pois quem não começa direito tende a não ficar muito tempo. E não sai falando bem de sua organização. Além de tudo, alta rotatividade da equipe significa que você tem de recrutar, contratar e orientar outras levas de novos funcionários. Fazer tudo de novo. Na orientação a novos funcionários, vale a pena prestar atenção e fazer a coisa certa desde o início.

Perguntas para Provedores de Serviço

- O que você pode fazer para ajudar os novos funcionários a se sentirem bem-vindos e valorizados?
- Como você pode ensinar, a quem entrou na sua equipe há pouco tempo, aquilo que você conhece melhor?
- Até que ponto a Orientação de Serviço que você recebeu quando começou a trabalhar foi instigante e eficiente? Que sugestões você pode dar para melhorá-la?

Perguntas para Líderes de Serviço

- Seu programa de Orientação de Serviço para novos funcionários é acolhedor, inspirador e, ao mesmo tempo, realista?
- Os novos contratados completam sua Orientação de Serviço sentindo-se engajados e ávidos para contribuir?
- Que mudanças vão melhorar seu atual programa de Orientação de Serviço?

Capítulo 11

Comunicações de Serviço

Quando clientes do famoso supermercado Stew Leonard's, de Norwalk, Connecticut, pegam um carrinho de compras e se dirigem à entrada, sabem o que esperar: uma incrível atmosfera de música e cor, aroma de produtos saindo do forno e uma variedade, da melhor qualidade, de deliciosos alimentos e bebidas.

Nenhum visitante pode deixar de ver a o enorme granito que ostenta esta mensagem gravada:

NOSSA POLÍTICA

REGRA 1: O CLIENTE TEM SEMPRE RAZÃO!

REGRA 2: SE O CLIENTE ESTIVER ERRADO, RELEIA A REGRA 1.

Esse granito de três toneladas que atrai o olhar à direita da porta da frente faz uma declaração bem pública e tranquiliza, de maneira sólida, cada cliente: "Não se preocupe. *Jamais* vamos discutir com você". Isso estabelece o clima de confiança e compra descontraída, definindo uma expectativa do que a empresa vai proporcionar.

E o que esse pedaço maciço de granito comunica todos os dias a cada funcionário? "Sabemos que, às vezes, nossos clientes estão errados ou até se esquecem do que fizeram; podem exagerar ou mesmo mentir. Mas nesta loja sempre damos aos clientes o benefício de nossa plena consideração e o de qualquer dúvida. Talvez nossos clientes nem sempre *tenham* razão, mas por meio de nossas palavras e ações os faremos sempre *acharem* que estão certos."

Comunicações de Serviço é o quinto bloco de construção em nossa cultura da excelência em serviço. Esse bloco inclui como você faz declarações sobre seu serviço a todos que frequentam seu mundo, incluindo clientes, parceiros, membros da equipe, mídia, indústria e comunidade. O "Rock of Commitment" [Rocha do Compromisso] da Stew Leonard é um exemplo de forte Comunicação de Serviço e uma das muitas razões por que a loja é tão popular. Ela acabou se tornando uma atração turística, com ônibus que saem da Cidade de Nova York enchendo todos os dias a área de estacionamento. Suas Comunicações de Serviço também precisam ser sólidas como rocha, mas talvez não tão pesadas quanto o granito de três toneladas.

No Westin Hotels and Resorts, você encontrará algo leve, interessante e inesperado gravado nos crachás dos funcionários – o *hobby* ou a paixão de cada membro da equipe.

A princípio, essas "paixões" podem não parecer Comunicações de Serviço. Não instruem os funcionários sobre como falar ou interagir com os clientes. Não têm, de fato, sentido prático. São apenas etiquetas de nomes – certo? Mas o que cada hotel quer cultivar com seus hóspedes? Preferência, nova visita, senso de lealdade, conexão. O Westin quer que os hóspedes se sintam confortáveis conectando-se com seus funcionários e que seus funcionários se sintam à vontade se comunicando uns com os outros. Pode imaginar um modo melhor de criar conexão entre duas pessoas que compartilhar um *hobby* ou uma paixão? Com etiquetas simples como catalisadoras, os funcionários do hotel tornam-se indivíduos acessíveis que podem ter algo em comum com um hóspede ou um colega membro da equipe.

Compare essa abordagem bem pessoal com as formas bastante públicas de o aeroporto Changi comunicar sua dedicação *nonstop* à excelência em serviço – internamente, a milhares de funcionários, e externamente, a milhões de passageiros a cada ano. Para funcionários do aeroporto, essa comunicação começa no momento em que eles passam cada dia pela segurança. Cartazes imensos são renovados com frequência com novas expressões da visão de serviço do aeroporto, fotos de personalidades do mundo do atendimento, vencedores de concursos de serviços, gente que recebeu broches por realizações de serviço e citações com elogios dos clientes. Para os passageiros, a Comunicação de Serviço começa no *site*, na chegada à calçada do terminal ou no balcão de *check-in*. Continua na área de trânsito, onde belos *banners* promovem o sucesso do aeroporto. Mas, caso você ache que o aeroporto está exagerando na autopromoção, a mensagem que ocupa mais espaço é, de longe, uma de gratidão aos passageiros: "Seu sorriso é nossa inspiração. Obrigado por nos transformar no aeroporto mais premiado do mundo". O que guia toda essa comunicação inspiradora interna e externa? O contínuo empenho do aeroporto Changi em providenciar um serviço personalizado, descontraído e positivamente surpreendente.

Na NTUC Income, a empresa lançou e deu suporte a novos cursos de educação em serviços, com decalques nas portas do elevador. Toda manhã, os empregados eram saudados com este desafio: "Leve UP para o próximo nível de serviço. Você está pronto para isso?".* Parado na rua em frente ao prédio da empresa, não dá para evitar a enorme e atraente sinalização laranja. Mas sinalização colorida e nova marca não foi o que tornou a revolução da NTUC Income tão bem-sucedida. Foi um compromisso abrangente para comunicar, educar, liderar, construir, aprender e conduzir cada membro da organização, e a própria organização, à posição da excelência em serviço.

O Meio Pode Corresponder à Mensagem

As Comunicações de Serviço podem ser exibidas e compartilhadas em muitos meios: sinalização, *banners*, placas, pins e cartazes, encontros formais, eventos informais, espaços das prefeituras, embalagens de lanches para viagem, *on-line*, *off-line*, mensagens móveis, canais de vídeos, telas de *login*, arquivos de assinatura de *e-mail*, protetores de tela, forros de bandejas de almoço, blocos de notas, manuais, listas de verificação, painéis e muito mais. As oportunidades são limitadas apenas pela imaginação.

Não coloque sua mensagem de serviço em algum formato antigo que não funcione mais. Se o refeitório é onde as conversas acontecem, coloque a mensagem de serviço nas paredes, em telões, guardanapos, copos e bandejas. Se pessoas se encontram *on-line* para compartilhar e moldar ideias, certifique-se de que a ideia da excelência em serviço as recebe todos os dias lá. Use qualquer combinação que funcione para sua empresa, seus clientes e sua cultura.

---

* *Leap UP to the next level of service. Are You UP for it?* (N. do T.)

Crie Por Dentro Antes de Compartilhar por Fora

Não demore a fazer declarações particulares. Só faça declarações públicas quando estiver pronto. Promover suas metas de serviço e aspirações é importante para os membros da equipe. Comunicações da Excelência em Serviço Inspiradoras mostram a funcionários e sócios que eles são parte de algo maior que eles próprios e podem inspirá-los a fazer de sua causa a causa deles. Mas gritar seu compromisso de serviço ao mundo só faz sentido quando sua equipe está totalmente comprometida e pronta para entregar o resultado. As pessoas esperam que você seja responsável por suas comunicações, por agir de acordo com sua palavra e por apoiar sua declaração com ação autêntica. Você pode lançar uma campanha de serviço interna quando estiver empenhado em fazer a diferença. Mas só a lance do lado de fora quando seus clientes forem sentir a diferença.

As Comunicações de Serviço são um Acelerador

Comunicações de Serviço são um bloco de construção que pode suportar todos os outros elementos na arquitetura de sua cultura de serviço. Use Comunicações de Serviço para promover sua linguagem de serviço, expanda sua visão de serviço, mostre suas novas contratações, anuncie seu último concurso, explique suas medidas e métodos de medição de serviços e dê voz aos elogios e às reclamações dos clientes.

Comunicações de Serviço mantêm o pessoal atualizado com o que está acontecendo, o que está mudando, o que está por vir e, acima de tudo, o que é necessário agora. Podem educar e informar, conectar pessoas e estimular a colaboração, motivar, parabenizar, encorajar e inspirar.

A Singapore Airlines publica um boletim mensal, chamado *Outlook*, para 14.500 funcionários e uma revista mensal, chamada *SilverKris* [Adaga de Prata], para 18 milhões de passageiros. Ambos são ricos de ideias e informação atualizada. O *Outlook* é essencial para manter os funcionários em 63 destinos em contato com a companhia e conectados com os clientes. Uma página dessa *newsletter* informativa é impressa em papel mais pesado. Esse peso extra indica que a página tem grande importância, o que torna mais fácil conservá-la, passá-la adiante ou pendurá-la na parede. O título dessa folha vital é "Transformando o Serviço ao Cliente". É o foco que faz a Singapore Airlines se manter na liderança em termos de rentabilidade e premiação. A página traz histórias sobre os funcionários que engrandecem a companhia e as ações que praticam todos os dias para agradar aos passageiros e clientes.

Perguntas para Provedores de Serviço

- Onde você pode encontrar a mais nova informação sobre seu serviço, seus clientes e sua cultura?
- Como você pode contribuir para essas comunicações e mantê-las atualizadas?

Perguntas para Líderes de Serviço

- As Comunicações de Serviço em sua organização são informativas, estimulantes e eficazes? Ajudam a comunicar seus planos e progressos nos outros blocos de construção?
- Você participa pessoalmente das Comunicações de Serviço?
- Quando foi a última vez que você revisou e atualizou suas Comunicações de Serviço? Com que frequência isso deve ser feito?
- Você está apoiando a inovação neste bloco de construção vital da cultura de serviço? Qual é o próximo? O que há de novo? O que é inspirador?

Capítulo 12

Reconhecimento e Recompensas de Serviço

Paul McKenzie trabalha na seção de hortifrúti de uma mercearia. Em seu avental verde brilhante há um grande *button* que diz: "Sou um Campeão de Atendimento!".

Jenny Harman é a cabeleireira com a maior lista de clientes fiéis em um salão. Ao lado de seu espaço de trabalho, há uma placa de cristal que diz: "Estilista do Ano".

Foo Teck Leong é um contador que trabalhou o fim de semana inteiro para ajudar um cliente. O cliente ficou muito contente, assim como o dono da empresa. Teck Leong recebeu dois ingressos de camarote para um próximo *show* de sucesso.

Vidya Kumaran é executiva de vendas de uma *startup* de *software*. Visitou recentemente um cliente irritado, resolveu um problema difícil e conseguiu um novo contrato que quase dobrou o faturamento anual da empresa para a qual trabalha. Foi aplaudida de pé por toda a companhia e ganhou uma semana extra de férias.

Reconhecimento e Recompensas de Serviço são um bloco de construção vital da cultura de serviço. São uma forma de dizer "obrigado", "trabalho bem-feito" e "por favor, faça de novo", tudo ao mesmo tempo.

O reconhecimento é um acelerador do desempenho humano e uma das maneiras mais rápidas de encorajar a repetição de uma conduta de serviço.

Para muitos provedores de serviço, uma recompensa monetária parece um prêmio de consolação impessoal – o modo mais fácil possível de agradecer aos colaboradores o trabalho, mas também o menos duradouro. Uma renomada concessionária de automóveis na Malásia aprendeu essa lição da maneira mais difícil. Pagou à equipe de vendas um bônus especial por alcançar altos níveis de satisfação ao cliente. Mas quando o pagamento do bônus foi reduzido durante uma crise econômica os níveis de satisfação ao cliente também diminuíram.

Vamos tornar isso pessoal para que você possa sentir a diferença. Imagine que você está dando um jantar e um convidado chega com um perfumado buquê de flores ou uma caixa de bombons embrulhada em um belo papel de presente. Alguns dias depois do jantar, o mesmo convidado retoma a homenagem com um bonito cartão e uma nota manuscrita dizendo "obrigado". Que impressão você teria dessa pessoa? Ficaria ansioso para vê-la de novo?

Agora imagine que outro convidado chega e lhe entrega 20 dólares. A pessoa sugere que você compre um buquê de flores, uma caixa de bombons ou qualquer outra coisa que lhe agrade. Alguns dias depois do jantar, o mesmo convidado manda para você mais 5 dólares. Qual seria sua reação? Ficaria ansioso para convidar de novo essa pessoa para um jantar?

O dinheiro contribui, mas o reconhecimento sincero cria verdadeiro vínculo. A satisfação genuína, plenamente manifestada, causa impacto duradouro em qualquer funcionário. Gratidão dos clientes, admiração dos colegas e forte aprovação dos líderes da organização – isso pode levar o compromisso e a conduta de serviço a níveis ainda mais altos. Recompensas são muito eficientes quando usadas como reconhecimento: um prêmio especial, um prêmio exclusivo, um bônus de viagem, a participação em um evento excepcionalmente inspirador. São situações mais memoráveis e causam mais emoção que apenas receber dinheiro.

Todos Respondem ao Reconhecimento

O reconhecimento pode ser dado aos provedores de serviço externos pelos esforços extras, por incríveis recuperações de serviço, por notáveis melhorias de serviço ou pelo número de elogios recebidos dos clientes. O reconhecimento também pode ser dado aos provedores de serviço internos, por atualizar o serviço dos departamentos, melhorando procedimentos, otimizando sistemas ou fazendo esforços excepcionais de ajuda mútua para que o trabalho tenha êxito.

Você também pode estender o reconhecimento do serviço a todos em sua comunidade. Crie um prêmio para o melhor serviço de um fornecedor, para o cliente mais agradecido, a entidade do governo mais prestativa ou até mesmo para os familiares que, de casa, dão suporte à sua equipe.

As Muitas Maneiras de Reconhecer e Recompensar

Quer que sua equipe preste um serviço melhor e mais criativo? Então, melhore e seja mais criativo com o reconhecimento e as recompensas. E há tantas maneiras! Você pode fazê-lo em público, em caráter privado, em pessoa, por escrito, para indivíduos, para equipes, com ou sem um componente físico ou financeiro. Pode fazê-lo com uma carta escrita a mão, aplausos de pé, dois ingressos para um concerto ou um jogo de futebol, um dia extra de folga, uma caixa de bombons especiais, um jantar para a família, um grande buquê de flores, um logotipo no cartão de visita, uma estrela no crachá, um certificado de conquista emoldurado no muro da fama da empresa, uma fotografia sorridente no *site*. O reconhecimento

pode até ser tão simples quanto um cartão como esse, que você imprime e repassa. Distribuo todo mês centenas desses cartões a sorridentes provedores de serviço.

A NTUC Income mostra reconhecimento aos funcionários do atendimento ao cliente com estrelas e corações de papel na parede – cada um com o nome de um funcionário e o que um cliente ou colega agradecido disse sobre ele. É um "Muro da Fama" em constante mudança e sempre atual que exalta diariamente a todos. O Marina Bay Sands homenageia os melhores funcionários apresentando suas fotografias e citações positivas em cartazes no centro da casa. A Singapore Airlines concede um cobiçado prêmio anual aos funcionários e às equipes que cumprem a maior aspiração da empresa: "Serviço sobre o qual até outras companhias aéreas falam".

A American Express mostra reconhecimento a funcionários em todo o mundo com uma semana inteira destacando os feitos da pessoa nos *sites* das redes sociais. Os restaurantes Arby's conseguem envolver os clientes em um ato de reconhecimento pendurando um sino de metal na entrada com uma placa que diz: "Se o atendimento que recebeu foi ÓTIMO, por favor, TOQUE o sino".

O National Eye Center tem uma abordagem única para melhorar a experiência do cliente e estimular o moral da equipe com reconhecimento. No saguão principal, há uma área de destaque chamada "Centro de Reconhecimento da Equipe", com cartas elogiosas de pacientes e membros de suas famílias em exibição. Ao lado de cada carta, há uma foto do membro da equipe citado e um certificado de gratidão assinado pelo diretor administrativo. Imagine como se sentem esses membros da equipe ao chegarem cada manhã ao trabalho sabendo que os clientes e a organização os apreciam. Agora, imagine como outros clientes se sentem ao ver esses elogios em exibição pública. É natural que fiquem na expectativa de receber excelente atendimento e é mais provável que expressem sua gratidão quando este for concluído. É um jogo de ganhar-ganhar-ganhar: ganha o cliente, ganha a equipe, ganha a organização.

Reconhecer seu Pessoal Recompensa sua Organização

Todo esse reconhecimento otimista e essa celebração com tapinhas nas costas faz realmente diferença? Lanham Napier não tem dúvida. Napier é CEO da Rackspace, líder em serviços de hospedagem e computação em nuvem, famosa pela promessa de fornecer "Suporte Fanático" e nomeada pela *Fortune* como uma das "100 Melhores Empresas para Trabalhar". Ouça o que ele diz no YouTube sobre seus *rackers*, os milhares de empregados que mantêm, todos os dias, os clientes da companhia de pé e felizes: "Se você quer dados realmente precisos, acompanhamos o envolvimento de nossas equipes e os níveis de produtividade em diferentes equipes. Nos dias em que temos um evento ou uma comemoração, a produtividade é 20% ou 30% mais alta. Isso, de fato, renova a energia que os *rackers* estão sentindo no trabalho naquele dia. Sabemos, então, que a coisa funciona".

Talvez o reconhecimento supremo seja ser promovido a uma nova posição, de mais influência e responsabilidade na organização. Os que são promovidos devem ser modelos exemplares de atitudes e comportamentos de serviço que se deseja que todos sigam. "Na Schlumberger, a promoção interna é uma das características mais fortes de nossa cultura global", diz Stephanie Cox, vice-presidente de Recursos Humanos. "É um reconhecimento significativo para aqueles que superaram as expectativas, forneceram grande atendimento a clientes e colegas e demonstraram ter potencial para contribuir ainda mais."

Há mais uma razão pela qual o reconhecimento pela realização do serviço venha, com frequência, da organização: é que é difícil que esse reconhecimento venha dos clientes. Imagine seus provedores de serviço trabalhando horas a mais para acalmar clientes irritados, ouvindo pacientemente as queixas, tomando iniciativa e fazendo o acompanhamento para resolver cada questão pendente. Quando tudo acaba, quantas vezes esses clientes dizem: "A propósito, você fez um grande trabalho me tranquilizando, me ouvindo com paciência e cuidando das minhas preocupações. Obrigado. Realmente aprecio seu ótimo serviço!". Isso é pouco frequente.

Prestar serviço aos outros exige o melhor de nós, e esse tipo de esforço pode ser sua própria recompensa. Mas o reconhecimento dos outros também é estimulante e recompensador, coroando muito bem nossos melhores esforços.

Perguntas para Provedores de Serviço

- Você participa dos programas de reconhecimento de serviço em seu local de trabalho?
- Como você pode elogiar os colegas que lhe proporcionam excelência em serviço?
- Como você pode expressar sua gratidão a amigos e membros da família que ajudam a ampará-lo e a servi-lo em casa?

Perguntas para Líderes de Serviço

- Você tem um conjunto atraente e estimulante de Reconhecimento e Recompensas de Serviço?
- Os membros de sua equipe estão motivados e inspirados pelas recompensas e pelo reconhecimento que você oferece?
- Você está pessoalmente envolvido em reconhecer e recompensar os membros de sua equipe por fornecer excelência em serviço?

Capítulo 13

Voz do Cliente

Pronto para uma surpresa?

No aeroporto Changi, até os podem surpreender e agradar ao viajante mais sensível. Não são apenas toaletes espaçosos, repletos de decoração e música relaxantes; alguns toaletes femininos também oferecem áreas elegantes, onde é possível se sentar diante de grandes espelhos para se arrumar antes ou depois de um voo. Do outro lado do corredor, os homens ficam igualmente espantados ao encontrar janelas sobre os mictórios com vista para as pistas de decolagem e pouso.

O que não surpreende nos toaletes do aeroporto Changi é o nível de limpeza. Normalment, eles estão impecáveis, com cada torneira e recurso funcionando de maneira correta, cada rolo de papel higiênico devidamente estocado e cada dispenser para sabonete abastecido. Isso acontece porque o aeroporto Changi integrou a Voz do Cliente a um sistema que, em tempo e com resposta real, assegura que até os toaletes proporcionem uma ótima experiência ao consumidor.

Em cada toalete, uma tela de toque computadorizada mostra uma foto e o nome de um atendente. Também oferece uma saudação oportuna – bom dia, boa noite ou boa tarde – e depois faz um pedido simples ao viajante: "Por favor, avalie nosso toalete". Sob o pedido, há cinco grandes botões na tela, com palavras e rostos amarelos que vão de um enorme sorriso para "excelente" a uma decepcionada cara feia para "muito ruim".

O atendente e o escritório de manutenção recebem esse *feedback* na mesma hora em que um passageiro avalia o toalete como "ruim" ou "muito ruim". De imediato, o atendente descobre e corrige o que não foi agradável, não estava funcionando ou bem estocado. São 42 milhões de oportunidades por ano de entrada dos clientes com críticas ao atendimento. E só estamos falando dos toaletes.

O aeroporto Changi sabe o valor de ouvir e responder a clientes de todas as partes do mundo. É por isso que existem tantos postos de escuta ativos nos balcões de informações, no *site*, nos quiosques interativos localizados ao longo dos terminais e, mais que tudo, nos olhos e ouvidos dos membros do *staff* do aeroporto que apreciam os elogios, as queixas e as sugestões dos clientes. Os membros da equipe do aeroporto não assumem posição defensiva quando ouvem um passageiro se queixar porque sabem que sua preciosa voz tem sido fonte de incontáveis ideias e inovações.

Os gerentes do aeroporto Changi também ouvem com atenção a voz dos parceiros de serviço por meio de entrevistas, mesas-redondas e grupos focais. Têm comunicação direta com a polícia, os departamentos de imigração e de alfândega, os representantes de linhas aéreas e as centenas de vendedores, fornecedores e locatários que criam todo dia a experiência do aeroporto Changi.

A Voz do Cliente é um valioso e poderoso bloco de construção para melhorar sua cultura de serviço. A voz de seus clientes pode contribuir, de forma imediata e poderosa, para melhor experiência de serviço. Por exemplo, manter um banheiro limpo e atraente é relativamente fácil, já que há um limite de coisas que podem dar errado.

Mas no Marina Bay Sands mais de 4 mil toaletes e centenas de milhares de outras coisas podem estar temporariamente fora de sintonia. "Começamos a coletar, de imediato, o *feedback* dos clientes", disse Tom Arasi, do Marina Bay Sands. "Quando nossas portas se abriram e cada um ficou concentrado em operar o complexo pela primeira vez, sabíamos que comentários de clientes seriam o meio mais fácil de identificar e resolver quaisquer problemas. Isso foi crucial desde nosso primeiro dia de operações e ainda contribui para nosso sucesso contínuo."

Como Captar a Voz do seu Cliente

Para descobrir o que seus clientes realmente pensam e sentem, pedindo a eles, com sinceridade, *feedback* e sugestões. Muitas pessoas têm aprendido que pesquisas-padrão rendem poucas respostas, e que muitas *hotlines* dedicadas são frias como gelo. Deixe claro que as queixas, os elogios e os comentários de seu cliente não serão apenas recolhidos e contados; serão cuidadosamente estudados, avaliados e valorizados. Passar a alguém um formulário de *feedback* de cliente é uma solicitação fácil de ignorar. Mas um programa vibrante dizendo "Sua Voz Conta!", "Diga-nos o que você quer!" ou "Estamos ouvindo VOCÊ!" é um convite que será atendido pelas pessoas.

A Voz do Cliente não é uma classificação, uma avaliação ou uma estatística. É mais qualitativa que quantitativa; é mais uma compreensão subjetiva que uma medida puramente objetiva. A Voz do Cliente é o comentário emocional de que você precisa para estudar e é a voz expressiva que você quer ouvir.

Por exemplo, os principais impulsionadores da satisfação na Microsoft incluem qualidade do produto, custo-benefício, segurança, precisão e rapidez de soluções. Mas isso não é tudo que valem os clientes e parceiros da empresa. A Microsoft estuda cuidadosamente os milhões de palavras e frases que as pessoas digitam, de forma livre, em campos de comentários, todos os anos.

Por meio de uma análise cuidadosa desses comentários, reproduzidos com exatidão, a empresa descobriu outras motivações que também fazem a diferença, incluindo "É fácil fazer negócios com a Microsoft", "A Microsoft se preocupa comigo" e "A Microsoft me ajuda a expandir meu negócio".

Você pode captar ideias, percepções e impressões de outras pessoas fazendo perguntas como:

- De que você gostou?
- De que você não gostou?
- De que você gostaria?
- O que fazemos que você realmente gostaria que não fizéssemos?
- O que você gostaria que mudássemos?
- De que você mais gostou? De que menos gostou?
- O que deveríamos começar a fazer? Parar de fazer?
- O que deveríamos fazer mais? Fazer menos?
- O que poderíamos fornecer que está faltando?
- Alguém ou alguma coisa o decepcionou?
- O que podemos fazer para ganhar mais negócios com você?
- O que poderíamos fornecer que justificaria aumentar nossos preços em 10%?
- O que nossos concorrentes estão fazendo que você acha que deveríamos fazer também?

Essas perguntas abrem portas para uma escuta ativa. Mas é uma longa lista de perguntas para escolher, e você pode não querer fazer todas elas. Escolha as perguntas que funcionam melhor para você e para seus clientes. Então, pergunte, ouça e aprenda.

O aeroporto internacional de San Diego aplica essa abordagem de maneira muito simples, com uma grande placa, uma pilha de formulários azuis atraentes e uma caixa de coleta perto da esteira de retirada de bagagem. A placa traz uma grande pergunta: "Como estamos indo?". Mas o aeroporto não quer saber apenas como está indo; quer saber o que poderia fazer melhor. No formulário fornecido para captar os dados do passageiro, há, de novo, apenas uma grande pergunta: "O que podemos fazer para tornar sua próxima visita mais agradável?".

Cada membro de sua equipe pode solicitar um *feedback* da Voz do Cliente apenas perguntando: "Há alguma coisa que possamos fazer melhor por você na próxima vez?". Isso engloba três objetivos importantes. Primeiro, todos na equipe se tornam uma escuta ativa. Segundo, você reúne novas ideias no mesmo instante em que entrega o trabalho, quando as impressões e experiências das pessoas são "frescas". Terceiro, você automaticamente encoraja os clientes a pensarem em repetir negociações com você porque está perguntando como poderá atendê-los ainda melhor... da próxima vez.

Por fim, não se limite a pedir comentários e recomendações; prometa responder a eles com ações. Informe às pessoas a quem você recorre que as respostas delas serão examinadas e diga quando fornecerá as respostas ou fará as mudanças. Se estiver usando um formulário *on-line*, uma interface interativa ou um cartão de comentários escritos, procure acrescentar esta linha embaixo: "Podemos responder pessoalmente a você sobre isso? Se for possível, por favor, nos passe detalhes de seu contato". Agora é óbvio que você está ouvindo, agindo, fazendo mudanças, reavaliando e respondendo, dia a dia, a cada comentário.

A Alegria das Queixas do Cliente

Quando as coisas dão errado, os clientes se queixam. E isso pode ser *bom* para você e construtivo para sua organização porque as queixas podem:

- pôr em destaque áreas nas quais seus sistemas precisam ser melhorados;
- identificar onde seus procedimentos precisam ser melhorados, atualizados ou revisados;

- revelar informações faltantes, ou simplesmente desatualizadas;
- identificar membros da equipe que precisam de mais treinamento ou de supervisão mais próxima;
- ajudar a destacar inconsistências entre turnos, departamentos ou locais;
- levar notícias e informações importantes diretamente para o topo;
- instruir a todos sobre o que os clientes experimentam e esperam;
- ajudar a evitar a complacência em uma organização bem-sucedida;
- ajudar a concentrar a atenção nas prioridades e no orçamento;
- funcionar como gatilho para novas ações, catalisando mudanças positivas;
- mantê-lo em contato com as tendências emergentes e as expectativas em constante mudança do cliente;
- apresentar novas oportunidades para aumentar a receita e resolver problemas;
- fornecer inteligência competitiva, informando o que outros estão fazendo;
- identificar quais clientes convidar para ensaios-piloto, grupos focais e testes beta;
- dar-lhe conteúdo e estudos de caso atuais para seus programas de educação para o serviço; e
- proporcionar *feedback* para ser publicado, com as devidas respostas e etapas de ação, nas Comunicações de Serviço.

Acima de tudo, as queixas lhe dão uma oportunidade de reagir, responder e reconquistar a fidelidade do cliente. A maioria dos clientes contrariados apenas se afasta e reclama de você aos amigos e colegas. Os poucos que falam mais alto estão lhe dando outra chance. Aproveite.

Trazendo a Voz para dentro de sua Organização

As mensagens que você ouve podem ser positivas ou penosas, satisfeitas ou irritadas, perturbadoras ou energizantes, otimistas ou pessimistas, distantes ou entusiásticas. O importante é que os clientes digam a você como estão se sentindo. O mais importante é que você os ouça.

> "As queixas do cliente são os livros didáticos por meio dos quais aprendemos."
>
> *Lou Gerstner*
> *ex-CEO da IBM*

Para aproveitar o valor da voz de seu cliente, compartilhe-a com frequência e de forma ampla com toda a organização. Se o *input* que você coleta é sempre encaminhado a um departamento, onde é recolhido e depois consolidado em um relatório, ele não terá impacto imediato sobre seu serviço ou influência emocional sobre sua equipe.

No Marina Bay Sands, os comentários dos hóspedes coletados diariamente são logo compartilhados, no dia seguinte, com membros da equipe nos *briefings* que cada um recebe no início de cada turno. Isso traz uma riqueza de informações para aqueles que podem fazer alguma coisa respondendo a sugestões, resolvendo problemas e implementando novas ideias.

As vozes que você coleta podem vir por meios formais, como formulários de pesquisa, linhas diretas, cartões de comentários e grupos focais, ou através de canais sociais como Facebook, Twitter, Yelp e TripAdvisor. Venha de onde vier, diga lá o que for, o que você pode ganhar da Voz do Cliente só toma forma quando o rio de *inputs* se conecta a uma equipe que quer ouvi-lo, compreendê-lo e fazer algo a respeito.

Esse bloco de construção é chamado Voz do Cliente, mas essa abordagem também pode ser aplicada aos nossos colegas, gerentes, equipes, vendedores, fornecedores, distribuidores ou sócios, sem esquecer nossos amigos, vizinhos e membros da família. Quando estamos atentos a entender e aprender, quando tomamos uma atitude em relação às preocupações de outras pessoas, estamos melhorando e edificando a maneira como vivemos juntos.

Perguntas para Provedores de Serviço

- O que você aprendeu com os comentários recentes dos clientes?
- Que mudanças você fez – ou pode fazer – com base em elogios ou reclamações dos clientes?

Perguntas para Líderes de Serviço

- Você está pessoalmente envolvido em programas da Voz do Cliente?
- Como você pode levar a Voz do Cliente a cada membro de sua organização?
- Que investimentos e melhorias recentes você fez com base nos elogios, nas queixas e nas sugestões de seus clientes?

Ferramentas para sua Jornada	Obtenha ferramentas complementares *on-line* GRATUITAS, incluindo artigos, vídeos e guias fáceis de usar, revelando novos caminhos para você agir agora para começar a incrementar seu serviço hoje. www.UpliftingService.com

Capítulo 14

Medidas e Métricas de Serviço

Leslie Jacobs relaxou na poltrona quando o longo voo estava prestes a terminar. Estava no fim de uma cansativa viagem de negócios, com muitas reuniões e pouco sono. Leslie fechou os olhos para desfrutar de alguns preciosos momentos de descanso.

Um toque no ombro o sacudiu. "Sr. Jacobs, preencheria isto para nós antes de pousarmos?" Jacobs olhou para cima quando um comissário de bordo passou-lhe a pesquisa de seis páginas que a companhia aérea fazia sobre a satisfação do passageiro. Antes que Leslie pudesse responder, o tripulante voltou para a *galley*, deixando a pesquisa em suas mãos. Leslie viu linhas de texto em tipologia pequena e colunas com quadrados em um tipo ainda menor. Era a última coisa que queria fazer no fim do voo. Mas, como sabia que a tripulação estaria à espera para recolher a pesquisa na porta de saída, puxou a caneta e começou a marcar os quadrados. O mesmo tripulante passou do seu lado e deu uma espiada nervosa enquanto Leslie respondia à pesquisa, como se algumas notas baixas pudessem afetá-lo pessoalmente. O serviço de bordo nada tinha de especial, mas Leslie pôde sentir a expectativa e acabou atribuindo aos membros da tripulação notas mais altas do que mereciam.

Naquela noite, em um restaurante, um garçom perguntou se ele tinha gostado da refeição. Leslie sorriu com prazer até ver o garçom tirar uma pesquisa de satisfação do avental e entregá-la com a conta. Conformado, Leslie suspirou. Era outro formulário indesejado, com número excessivo de tópicos querendo a opinião dele acerca de tudo, da qualidade da comida ao ambiente, à relação qualidade/preço, aos sorrisos e à rapidez no atendimento. O jantar fora delicioso, mas aquela tarefa de último minuto deixou um sabor acre ao final da refeição, e ele passou isso para a pesquisa. O garçom reparou nas notas baixas, quando Leslie saiu da mesa, e ficou confuso.

Na saída do hotel, na manhã seguinte, Leslie recebeu, na recepção, outra pesquisa demorada que lhe pedia que respondesse a perguntas sobre cada aspecto da estada de uma noite. Julgando o hotel suficientemente bom, Leslie marcou "satisfeito" em todas as colunas, sem nenhum esforço maior. Enquanto isso, um hóspede japonês que fazia o *check-out* a seu lado estava claramente muito satisfeito com sua experiência no hotel e, ao completar a mesma pesquisa, agradeceu prodigamente ao recepcionista. Leslie reparou que o hóspede estrangeiro também marcou "satisfeito" em todo o formulário, mas fez isso com grande entusiasmo.

O homem da recepção não pareceu dar importância a nenhum dos formulários de pesquisa. Ambos foram atirados sem cerimônia em uma caixa de coleta que, no final da semana, acabaria nas mãos de um escritório terceirizado e gerando, no final do mês, um novo relatório. E isso não faria a menor diferença para o recepcionista no fim do dia.

Parece familiar? Este bloco de construção é chamado de Medidas e Métricas de Serviço, que, infelizmente, é usado de maneira muito precária por muitas organizações. Pense na última pesquisa que deram a você no fim de um voo, de uma refeição ou da estada em um hotel. Pense na última pesquisa que lhe pediram que preenchesse *on-line.* Você ficou realmente satisfeito em responder a ela? Acha que suas respostas fizeram alguma diferença?

As pesquisas costumam ser usadas para medir a satisfação, avaliar a fidelidade, verificar o desempenho da equipe e encontrar áreas em que o serviço possa ser melhorado. Mas essas avaliações são notoriamente desagradáveis para os clientes completarem e difíceis de serem decifradas pelas pessoas das organizações competentes. Um dos problemas é que as pesquisas tendem a ficar mais detalhadas ao longo do tempo e depois acabam formando trincheiras que geram rios de dados autossustentáveis. Cada nova coleta de dados tem de ser cotejada com estatísticas anteriores, depois tem de ser organizada, interpretada, analisada e reportada. Mas, muitas vezes, os prestadores de serviço envolvidos ficam coçando a cabeça e se perguntando: "O que tudo isso significa para nós e o que devemos fazer agora?".

Esse processo deixa escapar um ponto vital. Medidas de serviço e métodos de medição constituem um valioso bloco de construção para melhoria no serviço. No entanto, para construir uma cultura de serviço, a metodologia dessas métricas tem de ser edificante para aqueles que você consulta e para os membros de sua equipe.

Esclareça o que Você Está Medindo e Por Quê

O simples fato de podermos medir muitas coisas não significa que fará sentido rastrear todas elas. O que realmente queremos saber e o que vamos fazer com o que aprendermos? Revise essa lista e depois decida que ideias serão mais úteis para melhorar agora seu serviço.

Satisfação do Cliente: Quais são as percepções de seus clientes e as expectativas de seu serviço? Até que ponto eles estão satisfeitos com o que você tem apresentado?

Fidelidade do Cliente: Com que frequência seus clientes compram de você? Com que frequência eles o indicam ou recomendam? Qual é sua cota na carteira de fornecedores deles? Até que ponto eles se sentem conectados com seu serviço e sua marca?

Desempenho de Serviço Externo: A demanda do serviço que você fornece é irregular, estável ou está crescendo? Você está alcançando seus indicadores de desempenho e cumprindo os acordos sobre o nível de serviço?

Desempenho de Serviço Interno: O nível de serviço em sua empresa está subindo ou descendo? O serviço que seus colegas trocam entre si está acelerando ou impedindo o desempenho da organização?

Engajamento do Funcionário: Que força tem a atração, a retenção e a motivação de seus funcionários? Eles estão conectados com sua visão, com seus clientes e uns com os outros? São apenas empregados da folha de pagamento ou pregadores ativos trabalhando com uma visão?

Desenvolvimento de Pessoal: Os membros de sua equipe estão progredindo como prestadores de serviço profissionais? Sua educação em serviço está fazendo alguma diferença? Seus funcionários estão ficando entediados ou melhores? Estão aproveitando todas as oportunidades para desenvolver suas técnicas e atitudes de serviço?

Não se Limite a Coletar Dados; Crie Valor

O objetivo desse bloco de construção é conduzir novas ações que criem e entreguem maior valor de serviço. Esse propósito está perfeitamente alinhado com nossa definição de serviço como *fazer algo para criar valor para outra pessoa.*

Suas ações podem gerar resultados positivos em muitas áreas diferentes: desempenho, lucratividade, participação de mercado, reputação, fidelidade do cliente, envolvimento do funcionário e muito mais. Compreender os dados pode ajudá-lo a acompanhar o progresso, a identificar tendências e a estabelecer um ponto de referência para melhoria futura. As medidas certas também o ajudarão a detectar cedo os problemas e contornar armadilhas antes que elas apareçam.

As Medidas e Métricas de Serviço são mais eficientes quando o ajudam a priorizar o que é mais importante. Que novos compromissos você deve aceitar? Que novas medidas deve tomar? O que pode fazer em seguida, ou agora mesmo, para aumentar a satisfação, garantir futuros negócios ou gerar mais fidelidade com sua organização? Se suas medidas e métodos atuais de preparar relatórios não atingem essas metas, é hora de revê-los e revisá-los.

Não deixe suas Medidas e Métricas de Serviço ficarem desconectados das alavancas práticas de poder. Coletar dados e mexer com números pode facilmente se tornar uma função ou um departamento distinto, alimentado pelo desejo de coletar um número ainda maior de dados e encorajado pelos fornecedores de pesquisas, pelos facilitadores de grupos focais e pelo agenciamento de clientes ocultos. Não sou contra nenhuma dessas práticas; todas elas têm seu tempo, lugar e função – desde que o levem a uma nova ação.

Certifique-se de que as pessoas de sua equipe sabem o que você está medindo e por quê. Certifique-se de que estão entendendo que números você está rastreando e que índice quer que eles movam todos os dias.

Faça de sua Pesquisa uma Experiência Positiva, Não um Procedimento Doloroso

Seu processo de medição deve parecer uma oportunidade de contribuir, um convite para ajudar a criar uma experiência mais satisfatória.

As pessoas devem estar ansiosas para participar de suas pesquisas, entrevistas e avaliações como um investimento valioso de seu tempo. Se seu processo atual é tedioso, não se espante se só for utilizado por clientes insatisfeitos para lhe dizer como estão chateados. Uma pesquisa desagradável ou indesejada pode destruir mais valor que criar!

Recentemente, voei para Kuala Lumpur, na Malásia, e tive uma experiência maravilhosa no transporte de carro do aeroporto ao meu hotel. O motorista foi muito simpático. Passou-me uma toalha úmida e uma bebida gelada. Ofereceu uma opção de música, conversou sobre o tempo e se certificou de que o ar-condicionado estava agradável a mim. Seu sorriso e bons sentimentos me inundaram durante a viagem, e gostei disso.

No hotel, assinei o registro de hospedagem e dei meu cartão de crédito para pagamento. Então a equipe do *check-in* me pediu que preenchesse outro formulário. Ele dizia:

PESQUISA SOBRE A LIMUSINE

Caro sr. Ronald Andrew Kaufman:

Para garantir, de modo consistente, a aplicação adequada de nosso padrão de qualidade, apreciaríamos seus comentários sobre nosso serviço de limusine:

Foi recebido por nosso representante no aeroporto? SIM / NÃO

Foi-lhe oferecida uma toalha umedecida? SIM / NÃO

Foi-lhe oferecida água gelada? SIM / NÃO

Havia seleção de música disponível? SIM / NÃO

O motorista perguntou sobre o ar-condicionado? SIM / NÃO

O motorista estava dirigindo em velocidade segura? SIM / NÃO

Número do quarto _______ Número da limusine _______ Data ________

Ao ler o formulário, meus bons sentimentos desapareceram. De repente, o entusiasmo do motorista parecia uma farsa. Seu interesse pelo meu bem-estar era apenas um *checklist* de ações a seguir. Seu bom humor não passava de procedimento-padrão, não para se concectar com seu passageiro. Senti como "supervisor do controle de qualidade" do hotel e não gostei.

Na minha opinião, o hotel deve me tornar assessor, não supervisor. Se tivessem perguntado: De que você mais gostou na vinda do aeroporto até aqui? Eu teria contado a eles sobre o maravilhoso motorista e lhe atribuído nota A+. O que mais poderíamos fazer para tornar esse trajeto ainda mais agradável? Eu teria recomendado que fornecessem um *tablet wireless* com conexão à internet.

A Morte da Satisfação do Cliente

Todos os dias, um quarto da população mundial se conecta através da infraestrutura, dos produtos e das soluções da Nokia Siemens Networks. A empresa atende a provedores e parceiros de telecomunicações em todos os cantos do globo, com mais de 70 mil funcionários espalhados por 150 países. Essa gigantesca empresa *business-to-business* sabia muito bem que satisfazer aos clientes era essencial para crescimento em lucratividade e participação de mercado.

Mas a Nokia Siemens Networks tinha um problema: sua pesquisa de satisfação do cliente era incômoda. A pesquisa inchara, expandindo-se ao longo do tempo para acomodar inúmeros pedidos internos por mais dados e detalhes sobre as expectativas, as percepções, as prioridades do cliente e as comparações competitivas. Era como um ônibus com apenas 48 lugares e 100 passageiros extras pendurados em cada janela, maçaneta, barra de ferro e para-choque.

Os clientes não gostavam desse processo de avaliação anual. A maioria o ignorava. Muitos que conseguiam completar a pesquisa usavam-na como martelo para bater com força na companhia com suas queixas. Os funcionários também não apreciavam a avaliação: era difícil de decifrar; era difícil entender o que fazer. Pior ainda, os incentivos individuais foram vinculados a mudanças muito específicas em uma parte ou outra da pesquisa, levando, em toda a organização, a iniciativas que não se integravam bem umas com as outras.

"Imagine uma pesquisa de satisfação do cliente que consistia de 150 perguntas", diz Jeffrey Becksted, chefe de experiência do cliente e excelência em serviço à época. "Achávamos que, quanto mais informações pudéssemos coletar, melhor seríamos capazes de responder a elas. Mas imagine o efeito sobre nossa organização de 80 apresentações em PowerPoint, densamente detalhadas, sendo baixadas todas ao mesmo tempo. Tínhamos simplesmente excesso de dados para digerirmos em uma moldura de tempo razoável. Estávamos tão concentrados em interrogar nossos clientes a nosso respeito que deixávamos de fazer a pergunta, realmente importante, sobre o que poderíamos fazer para criar mais valor a eles."

Os gerentes da Nokia Siemens Networks sabiam que havia um problema com a pesquisa. "Era óbvio que precisávamos adotar uma abordagem fundamentalmente diferente para pesquisar nossos clientes", diz Becksted. "Estávamos nos voltando a um número excessivo de áreas e não estávamos fazendo perguntas orientadas à ação, perguntas sobre a criação de valor. Então, recomeçamos."

Rajeev Suri, o recém-nomeado CEO da Nokia Siemens Networks, desligou da tomada essa prática disfuncional e formou uma nova equipe para encontrar um modo melhor de medição. Imagine por um momento o que aconteceu. Havia uma prática herdada – construída durante anos, de adição e combinação de questões visando coletar *feedback* a cada departamento e a cada processo desenvolvido de uma ponta à outra da companhia – que gerava enormes somas de dados. Mas, então, da noite para o dia, a Pesquisa de Satisfação do Cliente desapareceu.

Como se vai além da satisfação? Como paramos de olhar para trás, para avaliarmos o desempenho, e olhamos para a frente, para criarmos novas possibilidades e novo potencial? Mudando nossa atitude – e transformando nossa pesquisa em uma proposta de valor agregado. A Nokia Siemens Networks reuniu pessoas de diferentes departamentos em torno de um novo objetivo – criar conversas e cultivar percepções que, seguindo em frente, melhorassem as relações com os clientes.

"Em vez de perguntar aos clientes como avaliavam nosso serviço, pedimos que nos explicassem seus desafios, suas metas e os meios pelos quais poderíamos ajudá-los", diz Becksted. "Perguntamos a eles onde a Nokia Siemens Networks se encaixa em seu futuro – não como os atendemos no passado. Perguntamos sobre expectativas e suas experiências de trabalhar conosco."

Hoje, em vez de 150 perguntas concentradas em expectativas, satisfação e comparações competitivas, a Nokia Siemens Networks entrevista seus clientes com uma Pesquisa de Experiência do Cliente que tem número muito menor de perguntas e foco maior em estimular novas decisões corretas, aumentando a fidelidade e construindo negócios futuros. E já testemunhou uma tremenda resposta.

"É uma mudança simples", diz Becksted com orgulho. "A pergunta 'como fizemos?', que é um método atrasado de medir o desempenho passado, torna-se 'o que podemos fazer?', que é um indicador importante de sucesso futuro."

Como você pode ir além da satisfação?

"Mude o objetivo", diz Becksted. "As empresas não impõem limites à melhoria de processos, ao desenvolvimento de produtos e aos resultados finais. Por que colocar como limite da Melhoria de Serviço o simples fato de ter alcançado a satisfação do cliente? O objetivo precisa estar continuamente agregando valor. Concentre-se nisso, não em você. Em vez de pedir aos clientes que lhe digam que percepção têm de seu serviço, peça-lhes que falem sobre as necessidades deles, os desafios que enfrentam, os desejos e objetivos que têm. Importa menos saber quão bem ou mal você agiu que saber como eles o veem no futuro deles."

"Envolva a liderança", conclui Becksted. "Se os líderes de uma organização não conseguem ver o prejuízo de apenas medir o passado, a companhia está condenada a se tornar uma coisa ultrapassada. Mas, se conseguem olhar para o futuro e mudar a mentalidade e a pesquisa para irem além da satisfação, os resultados podem ser impressionantes. É uma mudança simples que já está valendo a pena para nossa empresa e nossos clientes."

Procure se Reconectar para ser Responsável e Ágil

Quando pesquisamos ou entrevistamos clientes, criamos expectativas de que alguma coisa será feita com base em suas respostas. O processo deve fechar o *loop* informando a eles de que algo foi feito. A sequência se parece com esta: Conduzir Pesquisa → Capturar Dados → Conduzir Análise → Identificar *Insights* → Agir → Criar Valor → Repetir Pesquisa.

Se o cliente diz que algo deve ser mudado na primeira pesquisa, você tem uma oportunidade. Se ele diz que algo deve ser mudado na primeira pesquisa e nada mudou na segunda, aí você tem um problema. Notas baixas na primeira pesquisa são aceitáveis; você quer descobrir novas oportunidades para a ação. Notas baixas na mesma área na segunda pesquisa podem ser perigosas se não ficarmos de olho nelas.

Medidas e Métricas de Serviço são um bloco de construção vital para ajudá-lo a identificar problemas, descobrir oportunidades, impulsionar novas ações e criar mais valor para seus clientes, para os membros de sua equipe e para sua organização. Você vai se contentar com menos?

Perguntas para Provedores de Serviço

- Você entende o que está sendo medido em sua organização e por que essas medidas são importantes?
- Você percebe como as próprias ideias e ações podem ajudar a melhorar essas medidas?

Perguntas para Líderes de Serviço

- Sua pesquisa se concentra em coletar dados ou criar valor?
- Seu atual processo de medição leva, de modo consistente, a novas ações de melhoria?
- Os membros de sua equipe entendem e agem com rapidez com base na informação que coletam?
- Sua pesquisa é uma experiência positiva do cliente ou um doloroso procedimento de auditoria?
- Você torna a contatar os clientes pesquisados para agradecer e informar a eles as providências que foram tomadas?

Capítulo 15

Processo de Melhoria de Serviço

A Voz do Cliente o ajudará a ouvir o que seus clientes e colegas querem. As Medidas e Métricas de Serviço o ajudarão a rastrear de que eles precisam. Este bloco de construção – Processo de Melhoria de Serviço – garante que você criará e entregará ambos.

Observe que o título desse bloco de construção vital é Processo de Melhoria de Serviço, não Melhoria do Processo de Serviço. Uma melhoria de processo aumenta a velocidade, reduz erros, melhora a eficiência, otimiza a atividade ou faz bom uso de uma nova tecnologia. Um Processo de Melhoria de Serviço é diferente; são os métodos e processos que você usa para apoiar seu pessoal e desafiá-lo a se empenhar na melhoria contínua do serviço.

A Wipro Ltd é uma empresa com mais de 120 mil funcionários, com sede em Bangalore, na Índia, país com mais de 1,2 bilhão de habitantes. Nesse enorme complexo de trabalho, destacar-se da multidão é um desafio. Conseguir um diploma, uma credencial ou documento que comprove alguma conquista é um meio de se destacar, em especial em um país com longa tradição de reverência pela educação. A Wipro recorre a isso em proveito de seus funcionários, seus clientes e sua cultura, com "Projetos X-Serve" ("X-Serve Projetcs") exclusivos, implantados em toda a organização.

Em uma campanha contínua em toda a empresa para melhorar o foco no cliente, milhares de funcionários participam todo ano de cursos customizados de educação para o serviço. Depois de cada curso, a Wipro imprime – mas não distribui – certificados personalizados com o nome de cada funcionário. Embora o funcionário tenha completado o curso e certamente fique à espera da credencial de "Campeão da Excelência em Serviço", a Wipro retém os certificados.

Para receber o certificado, cada funcionário deve, antes, completar um significativo "Projeto X-Serve". Primeiro o funcionário deve realizar algo específico que crie valor a alguém – valor que nunca tenha produzido antes. Essa ação deve demonstrar e aplicar os princípios fundamentais do foco no cliente ensinado nas aulas. Mas mesmo depois disso os certificados continuam retidos.

Após ter realizado a nova ação de serviço, o funcionário recebe uma mensagem escrita pela pessoa atendida. A mensagem tem de confirmar a ação empreendida e, mais importante, o valor recebido. Por fim, com a confirmação da ação realizada e do valor adicionado pelo serviço, a Wipro premia, orgulhosamente, os certificados de seus "Campeões da Excelência em Serviço".

Os "Projetos X-Serve" da Wipro são um ótimo exemplo de Processo de Melhoria de Serviço eficiente: método comprovado de garantir que cada funcionário coloque efetivamente os novos conceitos em ação... pelo menos uma vez.

Mas uma aplicação bem-sucedida do novo aprendizado não é o bastante, por isso a Wipro criou outro Processo de Melhoria do Serviço. Lançou um concurso chamado "Valor que Agreguei" ("Value I Added"), para o qual só podem se inscrever indivíduos ou equipes que entregaram aos clientes valor maior que o requerido, esperado ou mesmo pago. Em

2010, o concurso teve mais de 1.800 inscrições, com os vencedores e seus projetos captando a atenção e a admiração de todos.

Esses dois processos – "Projetos X-Serve" e "Valor que Agreguei" – conectam aprendizado com ação e desafiam os funcionários a gerar valor agregado. Mas a Wipro também quer inscrever seus clientes na construção da cultura da empresa. Criou, então, mais um processo de melhoria, incluindo uma pergunta exclusiva para as avaliações de satisfação dos clientes: "Desde a última vez que nos encontramos, que valor *agregamos* além do prometido a você nesse nosso último encontro?".

Que pergunta notável! A Wipro pede intencionalmente aos clientes que identifiquem o valor recebido *além* de qualquer contrato ou acordo de serviço existente. Considere o impacto nos funcionários da Wipro que sabem que essa pergunta será feita aos clientes. O que seus clientes diriam em resposta a essa pergunta?

"O desafio que enfrentamos foi fazer as pessoas desenvolverem uma mentalidade de serviço e nunca deixarem de procurar meios de melhorar a experiência para clientes externos e colegas internos", diz Usha Rangarajan, gerente-geral da Mission Quality & Wipro Way (controladora do nível de excelência em negócios da Wipro). "Ao institucionalizar nossa filosofia de sermos parceiros de serviço 'proativos, agregadores de valor no processo de educação para o serviço e nos concursos, no reconhecimento e nas recompensas, criamos uma melhoria mensurável na experiência de nossos clientes."

O que é um Processo de Melhoria de Serviço Bem-Sucedido?

Um Processo de Melhoria de Serviço cria foco. Mantém os holofotes na melhoria de serviço e cria paixão por elevá-lo. Não é algo eventual que as pessoas podem ou não perceber. É uma progressão contínua de questões, perguntas, projetos e convites conectando pessoas com sua visão e comprometendo-as com a Melhoria de Serviço.

Esse bloco de construção impulsiona a inovação do serviço. É o tubo de ensaio onde a competição alimenta a criatividade e problemas difíceis encontram soluções inesperadas. É onde as queixas do cliente são esperadas e bem-vindas. É onde relatórios de pesquisa são cuidadosamente examinados em busca de novas ideias e percepções.

Líderes de serviço sabem que os concorrentes estão sempre na cola ou já tomaram a frente. Para obtermos vantagem sustentável, devemos entregar hoje mais valor do que entregamos ontem, e amanhã devemos entregar ainda mais. Um Processo de Melhoria de Serviço mantém foco e atenção nesse objetivo.

Um Processo de Melhoria de Serviço cria sinergia conectando pessoas entre níveis e funções. Alguns problemas exigem controle na linha de frente, envolvimento vindo do meio e garantia vinda de cima. Outros problemas de serviço são rapidamente resolvidos por equipes de baias. Membros de equipe multifuncionais trazem novas perspectivas e energia renovada para resolver velhos problemas.

Um Processo de Melhoria de Serviço bem projetado promove comunicação entre funções, divisões e departamentos. Estimula a colaboração através de níveis, idiomas e locais. Com planejamento e convites bem pensados, também podemos aproveitar a energia criativa de nossos clientes, fornecedores, distribuidores e até dos reguladores de nosso governo ou indústria.

Seu Processo de Melhoria de Serviço pode incluir muitos métodos diferentes. Você pode utilizar as abordagens a seguir, criar novas, combinar as antigas e mudar alguma que esteja usando há algum tempo. Os desafios constantes são concentrar a atenção, ganhar participação ativa e gerar resultados reais.

***Workshops* de resolução de problemas**: Albert Einstein disse que "problemas não podem ser resolvidos pelo mesmo nível de pensamento que os criou". Elevar um problema cotidiano a um *workshop* dedicado também o eleva – e as pessoas que estão trabalhando nele – a um nível mais alto de pensamento.

Equipes interdisciplinares: Às vezes, as melhores ideias vêm daqueles mais distantes dos problemas. Participantes de equipes multifuncionais não só aprendem a compreender as preocupações de outros departamentos como também fornecem energia fresca e perspectivas.

Rotações de trabalho: Você sabe como é passar o dia inteiro usando os sapatos de outra pessoa? Tente fazer isso e deixe que seus empregados tentem também. A primeira pergunta de quem se reporta a novos departamentos costuma ser "Por que vocês fazem isso dessa maneira?", o que é frequentemente seguido de "Não seria melhor se... ?".

Concursos de Melhoria de Serviço: Muitas pessoas são motivadas por desafios a vencer. Se sua equipe responde à concorrência, crie uma estrutura que aproveite esse impulso para beneficiar aqueles a quem você serve. Quando o serviço melhora para os clientes externos e para colegas internos, as pessoas que servem a ambos os lados se sentirão vencedoras.

Compartilhamento das melhores práticas: Compartilhar exemplos eficazes e histórias de sucesso pode educar, motivar e inspirar. Descubra o que está funcionando bem em sua organização e depois espalhe a notícia de maneira *on-line*, nas embalagens de almoço para viagem, em encontros semanais, em eventos da prefeitura, em estudos de caso formais e em entrevistas e conversas pessoais.

Aplicação de nova tecnologia: A tecnologia oferece muitas possibilidades de medir, entregar, acelerar e refinar. Para aplicá-la como

Processo de Melhoria de Serviço, frequentemente as pessoas perguntam: "Como podemos usar a tecnologia para dar suporte aos nossos prestadores de serviço? Como podemos dispor de seu tempo e boa vontade para fazer o que só as pessoas podem fazer: cuidar de outras pessoas e responder às suas preocupações?".

Mantenha seu Processo Atualizado e Fluindo

Depois de descobrir quais métodos funcionam melhor para sua cultura, mantenha-os atualizados, alterando os critérios de tempo, recompensa ou qualquer outro aspecto de seus programas. Quando você quer que as pessoas melhorem o que já existe, ajuda a colocar um pouco de insensatez no método. Por exemplo, ninguém nunca montou uma caixa de sugestões esperando ser ignorado. Mas raramente ela traz boas ideias. Agora, imagine um programa de sugestões da equipe que consegue captar a atenção apresentando, todo mês, um desafio de serviço diferente e uma forma de reconhecimento distinta:

Janeiro: Envie suas melhores ideias para dar as boas-vindas aos nossos novos clientes. Os vencedores ganharão um jantar para dois em um restaurante sofisticado.

Fevereiro: Envie suas melhores ideias para agradecer aos nossos clientes fiéis. Os vencedores ganharão um ano de assinatura de uma publicação escolhida por eles.

Março: Envie suas melhores ideias para melhorar o serviço entre dois ou mais departamentos. Os vencedores de ambos os departamentos ganharão ingressos para um próximo *show*.

Abril: Envie suas melhores ideias para acelerar um processo de serviço. Os vencedores ganharão um novo par de tênis de corrida.

Maio: Envie suas melhores ideias para se beneficiar, com rapidez, de uma recuperação de serviço, quando alguma coisa der errado. Os vencedores ganharão um dia de folga.

Junho: Envie suas melhores ideias para reduzir custos mantendo ou melhorando nosso serviço. Os vencedores levarão para casa uma porcentagem das economias.

Julho: Envie suas melhores ideias para aumentar nossas vendas de serviço. Os vencedores participarão de um programa de treinamento de sua escolha.

Agosto: Envie suas melhores ideias para recrutar novos membros para a equipe que vivam nossos valores e sejam motivados por nosso propósito. Os vencedores desfrutarão de um grandioso *self-service* com nosso próximo lote de novos colaboradores.

Setembro: Envie suas melhores ideias para comparar com as de outras organizações. Quem deveríamos visitar e por quê? Os vencedores se juntarão ao grupo que faz a visita do *benchmarking* [avaliação comparativa].

Outubro: Envie suas melhores ideias para colaborar mais de perto com nossos fornecedores. Os vencedores ganharão uma excursão pelos bastidores da organização do fornecedor.

Novembro: Envie suas melhores ideias para manter as necessidades e os interesses de nossos clientes sempre em mente. Os vencedores serão convidados a acompanhar, por um dia, qualquer líder sênior da companhia.

Dezembro: Envie suas melhores ideias para novos tópicos ao nosso programa de sugestão mensal. Os vencedores terão suas ideias postas em prática no próximo ano.

Perguntas para Provedores de Serviço

- Você participa com entusiasmo de algum Processo de Melhoria de Serviço?
- Que problemas relacionados ao serviço você acha que poderiam ser resolvidos com o Processo de Melhoria de Serviço de sua organização?

Perguntas para Líderes de Serviço

- Há alguém em sua equipe plenamente engajado em algum Processo de Melhoria de Serviço?
- Os membros de sua equipe se sentem motivados e empoderados/capacitados pelos Processos de Melhoria que você usa?
- Como você, pessoalmente, dá suporte a *workshops*, iniciativas, concursos e programas de sugestão para a Melhoria de Serviço?

Capítulo 16

Recuperação de Serviço e Garantias

Você está na ponta da cadeira, dedos cruzados, dentes cerrados. Não sabe o que vai acontecer a seguir. O pressentimento é tão espesso que você pode cheirá-lo, prová-lo, tocá-lo e senti-lo. Está assistindo a uma das grandes reviravoltas em um filme clássico. Nada prende mais a atenção que o azarão que triunfa no final.

Hollywood ama o azarão. É uma fórmula para grandes bilheterias: o time desprezado que vence o campeonato, o cara esquisito que fica com a garota, o herói improvável que salva a situação. Essa fórmula mágica também funciona nos negócios. É uma fórmula que vai inspirar a você, seus clientes e sua organização. E tudo começa quando você está na pior, no momento logo após ter cometido um erro. Pois é, este bloco de construção tem início quando você não passa de um coitado aos olhos do cliente.

Por mais que você se prepare e melhore, as coisas, de vez em quando, vão dar errado. As expectativas vão cair, os clientes ficarão decepcionados, e alguns membros da equipe talvez até sintam vergonha. Outros, para evitar serem responsabilizados pelo problema, talvez não demorem a apontar o dedo para outra pessoa. Em algumas culturas, as más notícias são indesejadas, e a norma é negá-las. Mas não precisa ser assim.

Dando a Volta por Cima com a Recuperação do Serviço

Pense na Xerox Emirates, uma *joint venture* com sede em Dubai da prestigiada empresa global de gerenciamento de documentos. Em 2006, a companhia já tinha sido três vezes vencedora do prêmio de qualidade nacional, sendo líder em participação de mercado e lucratividade. Era bem conhecida pela excelência operacional, mas ainda não pela excelência em serviço. Mas a Xerox Emirates queria reivindicar essa posição perante os clientes, os concorrentes e a própria equipe.

A empresa lançou um vigoroso programa de construção de uma cultura de serviço, com cada membro da equipe aprendendo os princípios de serviço que você conhecerá na Parte Quatro. No primeiro ano, sua inspirada visão de serviço foi "Melhor que o Esperado". Segundo o *feedback* de clientes, essa visão foi alcançada com sucesso. No segundo ano, a Xerox Emirates revisou a visão, jogando-a para cima: "Muito Melhor que o Esperado". No terceiro ano, com a cultura de serviço forte e favorável, a empresa se voltou para queixas ocasionais como fonte de vantagem competitiva.

A Xerox Emirates já tinha uma iniciativa interna de serviço chamada Customer Care Management System [Sistema de Gestão de Atendimento ao Cliente], um programa de *software* para rastreamento de reclamações de clientes. Mas o pensamento por trás do sistema apresentava falhas. "Ele foi usado com relutância", diz Andrew Hurt, o gerente-geral. "Os empregados o encaravam como uma ferramenta para a liderança culpar alguém pelo mau desempenho do serviço. De fato, muitos temiam inserir reclamações no sistema porque isso podia levar à recriminação pessoal."

Pense no assunto. Você registraria uma reclamação em um sistema se ela pudesse lhe trazer problemas? Os empregados da Xerox Emirates estavam escondendo reclamações, fazendo tudo que podiam para se esquivar do sistema, esquecendo-se, convenientemente, de anotar datas e detalhes, abafando a voz de clientes valiosos que tinham problemas verdadeiros e precisavam ser muito bem ouvidos. O resultado foi um ponto cego e uma fraqueza – um elemento desalinhado na cultura.

Como isso funcionaria em um icônico filme de "volta por cima ou virada"? Isso é fácil, não? No filme, a equipe da Xerox Emirates usaria suas deficiências como via para construir uma força vencedora. No roteiro, o auge da deficiência se transformaria em um movimento notável que ganharia o jogo. E foi exatamente isso que a companhia fez. (Você se lembra do chute que decidiu a luta em *Karatê Kid – A Hora da Verdade*?)

"Acabamos com o sistema antigo e lançamos um novo programa chamado *Bounce!* [Quicar!] como nossa ferramenta de recuperação de serviço", afirma Hurt. "Em vez de culpa e vergonha, apresentávamos as deficiências como oportunidade para elevar nosso serviço. Como no caso de uma bola caindo, podemos ignorar a queda ou trabalhar com determinação para fazê-la quicar, colocando o nível do nosso serviço muito mais alto do que fora no início. Não só poderíamos aprender com os erros e consertá-los. Percebemos que as reclamações eram uma grande oportunidade para superar as expectativas, pois estávamos sendo informados da especificidade das frustrações de nossos clientes."

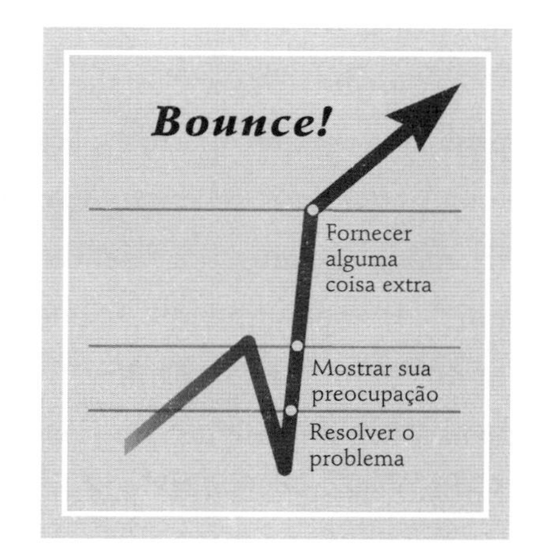

O objetivo do *Bounce!* é muito simples. Imagine a percepção que um cliente tem de seus produtos e serviços como uma bola quicando. Originalmente, a bola está em sua mão. Quando ela cai, a percepção que o cliente tem de você está declinando. Quando ela bate no chão, a percepção chegou ao fundo – aos olhos dos clientes, você está no pior momento. Se fosse apenas corrigir o problema, seria efetuado um nível básico de serviço, e a bola saltaria um pouco. Todavia, se você trabalhar a recuperação como oportunidade especial, terá uma chance de fazer a bola quicar muito mais alto. Você pode superar a posição original com uma surpreendente percepção de serviço – e essa oportunidade jamais teria acontecido se alguma coisa não tivesse dado errado.

Sua Missão: Encontrar e Resolver Reclamações

Hurt diz que, assim que perceberam que tinham uma oportunidade de se destacar – e tiveram garantido suporte da gerência –, os membros da equipe da Xerox Emirates começaram a procurar ativamente por problemas. O termo *responsabilidade pessoal* assumiu novo significado. Elogios eram dirigidos aos membros da equipe que descobriam problemas ocultos enfrentados pelo cliente ou criavam meios inovadores de recuperar a boa vontade de clientes irritados.

A medida *Bounce!* de sucesso também era inovadora. Depois que um problema era descoberto e a ação de recuperação tomada, era feita apenas uma pergunta ao cliente: "Como resultado do que aconteceu e do que fizemos a respeito, sua fidelidade à Xerox Emirates é agora maior ou menor?". Essa pergunta mostra atenção concentrada em restaurar a confiança do cliente na companhia. E faz a empresa voltar um foco ainda maior para a necessidade de compreender as preferências de cada consumidor. Em vez da substituição padronizada de um produto ou do desconto de repetição do serviço, a empresa passou a prestar atenção muito maior a quem estava realmente incomodado ou irritado – a compreender o que essas pessoas valorizavam.

Por exemplo, um cliente chateado estivera de olho em uma nova impressora em cores *all-in-one device*, mas não conseguiu pagar por ela. A

Xerox Emirates emprestou-lhe a máquina por dois meses e bancou toda a tinta usada. O cliente ficou muito feliz... e dois meses mais tarde conseguiu juntar o dinheiro para a compra. Outro cliente frustrado supervisionava uma grande equipe de funcionários de linha de frente. Uma grande caixa de chocolates, cortesia da empresa, pôs doces sorrisos no rosto de todos eles. E houve também o cliente transtornado que achou que, de fato, ninguém daria atenção aos seus problemas. Os gerentes sabiam, por meio de contato feito em vendas anteriores, que ele era ávido jogador de golfe nos fins de semana. Depois de duas amigáveis partidas de 18 buracos com líderes da companhia, o cliente se sentiu valorizado e compreendido.

Em cada caso e em centenas de outros, a empresa deu seguimento ao contato com a seguinte pergunta: "Como resultado do que aconteceu e do que temos feito a esse respeito, você agora é mais ou menos fiel à Xerox Emirates?". Podemos adivinhar a resposta.

Aqui está a parte mais interessante dessa história de retorno de clientes. Como agora os gerentes da Xerox Emirates se concentram na resolução do problema em vez de culpar o que lhe deu origem, os funcionários não têm mais medo quando as coisas dão errado. Na realidade, os gerentes elogiam os membros da equipe que os colocam em contato com clientes insatisfeitos. Em vez de ignorar as reclamações dos clientes ou tentar encobri-las, os funcionários passaram a vê-las como oportunidades para serem reconhecidos, para se distinguirem. E, embora o número de queixas registradas no sistema *Bounce!* tenha aumentado de forma substancial, "a satisfação" da companhia "com os índices de recuperação das agendas de serviço" também vem aumentando de modo espetacular.

Hoje, a Xerox Emirates está levando essa abordagem ainda mais longe, enviando equipes a *sites* de clientes especificamente para caçar problemas. Ao contrário de uma auditoria típica de controle de qualidade ou de uma visita para confirmar a satisfação, a empresa busca intencionalmente o negativo. As equipes se concentram em problemas que podem surgir com as comunicações, a entrega, a manutenção e a educação de clientes. Solicitam, de maneira ativa, reclamações dos consumidores – cada uma é uma oportunidade para *Bounce!* [Quicar]. "A meta deste ano", diz Andrew Hurt, "são outros 300 por cento de aumento nas queixas." Como você gostaria de concorrer com uma empresa com política de recuperação e cultura de serviço como essa?

Construindo seu Sistema de Recuperação de Serviço

Ninguém tem um registro perfeito quando se trata de prestar serviço. Você terá clientes insatisfeitos e receberá reclamações. Com redes sociais, vídeos virais e más notícias viajando rápido, um cliente irritado pode deixar uma mancha duradoura em sua reputação. Sua política e práticas de recuperação devem estar a postos.

1. **Obtenha suporte da gerência sênior.** Ao contrário dos aspectos rotineiros dos negócios, a recuperação de serviços requer que o fornecedor reconheça os erros e faça o que for preciso para repará-los. Muitas vezes, isso significa se afastar dos procedimentos normais, violando as regras de forma deliberada e gastando, possivelmente, dinheiro no processo. Esse bloco, portanto, precisa de compreensão e incentivo do topo.
2. **Ponha em prática seu plano de recuperação.** Quando as coisas dão errado, não é hora de pensar em como se recuperar. O relógio começa a contar no momento em que ocorre um problema. As equipes da SWAT são bem-sucedidas porque antecipam cenários e executam exercícios práticos muito antes que algo perigoso aconteça.

Monte os próprios cenários para imaginar o que pode dar errado. Em seguida, comunique seus planos, teste suas táticas e ensaie suas respostas com antecedência.

3. **Vá à caça de problemas de Serviço.** Seja agressivo e proativo. Crie sistemas de descoberta que buscam falhas e reclamações. Pode não ser bom destacar suas falhas, mas veja a recuperação do serviço como uma fórmula de prevenção de doenças, e você atacará os problemas muito antes que eles o deixem doente.
4. **Capacite o pessoal da linha de frente.** Dê aos que estão mais próximos do problema poder para fazer as coisas certas. O Ritz-Carlton Hotel tem fama de empoderar cada funcionário com um substancial fundo de indenização para satisfazer aos hóspedes, sem um segundo de atraso, quando algo dá errado. A análise e o discernimento podem vir mais tarde. As ações de compensação são uma necessidade imediata. Nada frustra mais um cliente irritado do que ouvir: "Realmente gostaria de fazer isso pelo senhor, mas primeiro tenho de conversar com meu gerente. Isso não deve levar mais que alguns dias".
5. **Busque o grande vencer ou vencer!** Adoramos grandes filmes sobre o retorno à atividade de gente que já foi famosa, onde aquele que foi menosprezado vem lá de baixo para ultrapassar as expectativas de todo mundo. Sua estratégia de recuperação de serviço deve se esforçar para fazer o mesmo. O objetivo não é apenas resolver problemas; é criar experiências que, quando menos se espera, nos causam prazer. E as pessoas gostam de compartilhar histórias de reviravoltas. Quando seus clientes vencem, sua empresa também vence.
6. **Não desperdice os ganhos.** Você pode ficar muito mais ágil para prever novos problemas, mais rápido na detecção dos problemas

atuais e pode criar melhores ferramentas e treinamento para sempre recuperar uma bola jogada. Crie um programa em sua organização em que histórias de recuperação são coletadas, e os provedores de serviços, reconhecidos e recompensados. Analise cada história com cuidado porque algumas vão revelar como evitar erros no futuro ou fascinar os clientes com uma excelência em serviço antes que algum contratempo venha a ocorrer.

Expandindo seu Negócio com Recuperação de Serviço

Clientes que lutam com um problema de serviço não precisam ir muito longe com você. E, quando você resolve, eles sentem grande satisfação. Essa experiência de desapontamento seguida de alívio pode realmente aumentar a confiança dos clientes em seu serviço. Por que é assim? Porque todos sabem que, de vez em quando, vão ocorrer problemas. As coisas quebram na vida, surgem dificuldades, acontecem coisas desagradáveis. O que não sabemos, até elas acontecerem, é como um provedor de serviços responderá a essas situações.

Quando ocorre um problema seguido de uma recuperação bem-sucedida, aprendemos uma coisa importante sobre um provedor de serviço que antes não poderíamos saber. Sabemos agora, por experiência própria, que podemos ter confiança de que esse provedor de serviço fará a coisa certa quando realmente precisarmos dela. Essa confiança adicional leva ao retorno dos clientes, aumentando, assim, seu valor para o provedor de serviço. Clientes recorrentes tendem a comprar mais e são, com frequência, os primeiros a experimentar nossas ofertas *premium*. Essas pessoas também nos recomendam guiadas pela legitimidade de um mundo real que não pode ser comprado com anúncios. Cada cliente com um problema é nosso admirador e divulgador potencial – quando temos êxito ao atendê-lo.

Uma vantagem adicional da recuperação do serviço pode ser encontrada dentro da sua organização. Quando ela tem histórico de fazer a coisa certa em situações problemáticas, cada membro de sua equipe pode atuar com orgulho e confiança. Saber que nossa empresa vai sempre continuar movimentando a bola é uma razão poderosa para nos sentirmos bem no atendimento normal e quando estamos repetindo o serviço.

Qual é a alternativa? Quais são as consequências se esse bloco de construção se mantiver fraco e focado nos procedimentos problemáticos de descontos e devoluções? Os membros da equipe ficam frustrados e envergonhados ou, pior ainda, cínicos e resignados. Os clientes ficam presos a negociações, cálculos e outros afastamentos do objetivo. Essas frustrações transformam-se em histórias desagradáveis, em más notícias que viajam rapidamente, em relatos de problemas que as pessoas sempre adoram contar e, muitas vezes, com algum exagero. Quem ouve essas histórias? Os amigos, os clientes, os clientes potenciais, os concorrentes e qualquer outra pessoa com interesse no assunto, conexão com a internet ou necessidade de comprar o que você está vendendo. Pode não ser um impacto facilmente quantificado, mas seu simples cálculo já sai caro.

Até que Ponto Você Deve ser Generoso?

Com tanta coisa em jogo, de quanto devemos abrir mão? Muitas empresas investem pesadamente em publicidade, promoções e ofertas de lançamento para atrair novos clientes. Mas resistem em alocar uma fatia generosa do orçamento na recuperação de serviços. Parece que o dinheiro gasto em marketing leva a um maior número de vendas e a mais lucros, enquanto o dinheiro gasto em repetição de serviços indica que lucros já embolsados estão agora sendo perdidos. Esse é um modo de pensar equivocado e perigoso.

Recuperar um cliente existente é, com frequência, muito menos dispendioso que atrair e consolidar um cliente novo. Clientes existentes já passaram pelo processo de registro, de *login* ou do que mais for preciso para ser nosso cliente. Já fizeram investimento de tempo e dinheiro e querem que esse investimento entregue o que você prometeu. Quando você honra sua promessa em uma situação de repetição do serviço, a fidelidade se aprofunda com rapidez, e o valor vitalício dos clientes começa a se destacar.

Pense nisso. Um jovem casal compra seu primeiro refrigerador em uma loja de eletrodomésticos, um modelo sofisticado, de uma marca de prestígio no exterior. A unidade é entregue em casa. Tudo é fantástico, exceto uma peça decorativa da maçaneta da porta, que está perdida. A equipe de entrega liga para a loja e é informada de que uma peça de substituição pode ser especialmente encomendada e chegará em dois ou três meses. O jovem casal pergunta se eles não poderiam tirar a peça de outra unidade que já estivesse na loja. Mas o gerente da loja não aceita a ideia e declara: "Assim teríamos uma peça faltando em nosso estoque". Isso pode parecer um contratempo sem grande importância, mas pense no *lifetime value**, o tempo em que o casal pode continuar comprando acessórios para o lar. Vão querer uma máquina de lavar roupa, uma lava-louças, um micro-ondas e um aspirador, entre outras coisas. E cada casal recém-casado conhece outros casais recém-casados.

Agora, imagine que o gerente da loja entenda o problema e prometa substituir o refrigerador no final daquele mesmo dia. E, ao chegar, o pessoal da entrega vem com duas bolsas de compras cheias de saborosos petiscos adquiridos em um supermercado.

Parece que os lucros da venda desse refrigerador foram gastos em mantimentos, e isso é verdade. Mas onde você acha que esse jovem casal vai comprar todos os outros eletrodomésticos? Quantas vezes ele terá o prazer

---

* Em marketing, o *lifetime value* [valor do tempo de vida] é uma previsão do lucro líquido atribuído a todo relacionamento futuro com o cliente. *Wikipédia.* (N. do T.)

de contar essa história aos amigos? Com que frequência vai recomendar essa loja a outras pessoas? Que estado de espírito vai mostrar cada vez que visitar a loja? E como o gerente da loja e a equipe de entrega avaliarão os empregos que têm, a empresa na qual trabalham e o compromisso em manter a bola quicando? Dar ao cliente um pouco mais não significa perda. Você pode acabar ganhando muito.

Os recursos investidos na repetição dos serviços voltam multiplicados através da rede de pessoas que você atende. E alguns recursos de repetição não custam absolutamente nada. Você também pode manter a bola rolando dando mais atenção às pessoas, fazendo um contato pessoal, providenciando melhor acompanhamento, oferecendo treinamento adicional aos seus funcionários, estendendo um certificado de garantia existente ou simplesmente apresentando um nível mais alto de genuíno interesse e cuidado.

Excelência em Serviço – Garantida?

Quando você sabe que sua equipe e cultura podem manter a bola quicando e recuperar um cliente, dê mais um passo e torne a coisa garantida. Garantia não é apenas uma promessa de que as coisas vão dar certo – é uma promessa de que você fará as coisas darem certo mesmo que algum dia elas deem errado.

Pense no modo como a Lexus* promove seus contratos de serviço e garante a manutenção de seus veículos. Motoristas do mundo inteiro passaram a esperar e a apreciar que o departamento de serviço Lexus esteja por trás de seus produtos e atue com rapidez sempre que ocorrer um problema. A Lexus não sabe o que pode dar errado, mas está comprometida em manter uma reputação de serviço tão admirável quanto a qualidade de seus

* Divisão de veículos de luxo da montadora japonesa Toyota. (N. do T.)

carros. Isso requer sistemas, pessoas e uma apaixonada cultura de serviço ávida por resolver problemas e garantir a satisfação.

Há três perguntas básicas que você deve fazer a si mesmo quando estiver se preparando para lançar sua garantia.

1. Sua Garantia é Significativa?

Assim como a recuperação deve ser rápida para ser eficaz, uma garantia deve ser suficientemente significativa para deixar os clientes felizes. Todos nós já ouvimos a seguinte promessa: "Se você não ficar satisfeito, devolveremos seu dinheiro". Isso funciona para vender produtos, mas uma garantia de devolução do dinheiro nem sempre funciona para manter os clientes. Imagine você comprar um refrigerador que, por alguma razão, não está funcionando bem. A comida estraga, você adoece, e agora está com raiva. Mesmo que a empresa devolva seu dinheiro, você tornaria a comprar um eletrodoméstico dessa loja ou o mesmo produto que deu problema? Se um barbeiro lhe fizer um corte de cabelo horrível, você voltará ao mesmo salão só porque ele devolveu o dinheiro? As garantias de serviço não podem se concentrar apenas na troca igualitária. Grandes garantias prometem que, se algo der errado, um cliente terá a felicidade, não apenas uma troca ou um retorno de valor.

As garantias têm de ser flexíveis para serem eficazes. Muitas empresas criam políticas padronizadas para substituição de serviços e produtos quando as coisas não dão certo. Mas é importante ouvir e tratar cada cliente irritado como um indivíduo. Um restaurante, por exemplo, pode ter uma política que permita aos garçons oferecerem aos clientes que se queixam uma sobremesa grátis. Isso pode bastar se o cliente está insatisfeito porque pediu salada com molho à parte, mas ela veio com o molho por cima. Mas e se a atendente foi rude ou o garçom derramou café no traje que o cliente usava para tratar de negócios? Um pedaço de bolo não é uma compensação significativa nessas situações. Mais flexibilidade e capacitação são necessárias aqui.

2. Sua Garantia é Fácil de Cobrar?

Uma garantia deve ser fácil de invocar, resgatar ou cobrar. Não faça a oferta inicial se isso vai frustrar o cliente com um processo complicado. Recentemente, assinei um serviço *on-line* porque estava interessado na oferta generosa. Tinha ótimo preço inicial, e a garantia afirmava que eu poderia sair do grupo a qualquer momento. Mas, quando tentei cancelar a assinatura, não consegui entrar em contato com ninguém por telefone. A resposta aos meus *e-mails* era ainda mais desconcertante, pedindo "uma carta escrita de descontentamento declarando as razões pelas quais você não quer continuar sua assinatura", com um pequeno aviso que dizia: "Sua carta deve ser recebida e aprovada quatro semanas antes do término de sua subscrição".

Por outro lado, anos atrás, vivi em uma área do mundo com invernos rigorosos e grande prática de esqui. Comprei pela internet um par de ceroulas de seda, que chegaram por *e-mail,* da L. L. Bean, uma empresa que se tornou lendária por seu serviço e sua garantia vitalícia. A seda era macia, confortável, e a peça me mantinha aquecido. Então me mudei, tornei a me mudar e me encontrei, vinte anos mais tarde, desempacotando caixas na cidade equatorial de Singapura. E lá estavam as ceroulas de seda. Agora já não seriam de grande utilidade e não pareciam nada atraentes, pois tinham buracos nos joelhos e estavam desfiando nas pontas. Quase as joguei fora.

Então me lembrei da garantia vitalícia da L. L. Bean e, num impulso brincalhão, pus as ceroulas em um grande envelope marrom e juntei a elas uma pequena nota manuscrita: "Por favor, substituam isso. Obrigado". Como eu não tinha sequer o endereço da empresa, escrevi no envelope: "L. L. Bean, Serviço de Atendimento ao Cliente, Maine, USA". No correio me senti um tolo despachando aquela peça esfarrapada de roupa. Não parecia certo enviar roupa de baixo velha ao redor do mundo por correio aéreo. Então, por apenas um dólar, despachei-a por mar.

O tempo passou, e esqueci tudo aquilo. A vida estava repleta de novos esportes e novas roupas de baixo. Então, dois meses mais tarde, chegou um envelope da L. L. Bean. Dentro dele, estava uma ordem de pagamento de 1 dólar e nenhuma explicação. Imaginei que tinham avaliado a roupa velha e, de alguma maneira, calculado o que lhe restava de valor. Dei de ombros, ri e logo me esqueci da coisa.

Outro mês se passou e chegou outro envelope. Dentro dele havia um novo par de ceroulas do mesmo tamanho e cor das antigas. Alguns meses mais tarde, liguei para a L. L. Bean pedindo uma reserva para as férias de alguns parentes. Durante a conversa com a representante, contei a história de minha roupa de baixo. "Uma coisa ainda me confunde", confessei. "Para que foi a ordem de pagamento de 1 dólar?" Ela respondeu: "Antes de substituirmos sua roupa de baixo, quisemos reembolsar sua postagem".

A L. L. Bean faz muito alarde sobre sua promessa de satisfação. Dizem que suas peças são "Garantidas para Durar" e acrescentam: "Nossos produtos são garantidos para dar 100% de satisfação em todos os sentidos. Devolva, a qualquer momento, qualquer coisa comprada de nós, se isso provar o contrário. Não queremos que você tenha nada da L. L. Bean que não seja completamente satisfatório". Essa garantia é simples, significativa e poderosa! A sua é assim?

3. Você está Pronto para Lançar sua Garantia?

Quando você deve levar sua promessa ao mundo e anunciar sua garantia? Você acha que pode estar pronto, mas não está cem por cento seguro. Alguns recomendarão que espere, que se certifique de que todos os cenários possíveis estão cobertos e os sistemas, no lugar. Tenha certeza de que tudo e todos estão prontos. O problema é... que você pode estar esperando há muito tempo.

O melhor momento para lançar uma garantia da excelência em serviço é quando você está perto, mas ainda nem tudo é perfeito. As chaves finais para uma *performance* estelar aparecem quando um *show* vai ao ar, não nos últimos estágios de ensaio. Uma faísca mágica ganha vida quando sua garantia está *on-line* e clientes reais fazem contato. Surgirão problemas que você não previu, por mais que tenha planejado. Panes no sistema surgirão do nada e levarão a grandes progressos, que é exatamente o que você quer. E o custo das primeiras recuperações enquanto sua garantia se estabiliza é uma pequena mudança comparada à grande mudança na qualidade da experiência que seus clientes desfrutarão e na vibração sentida pelos membros de sua equipe.

Recuperação de Serviço e Garantias Entregam Valor para Toda a Vida

O objetivo desse bloco de construção não é criar uma experiência positiva ou um cliente fiel. É criar uma cultura que ganha e retém muitos clientes fiéis enquanto constrói orgulho e paixão pela solução de problemas em todos os provedores de serviço. Confiança é o segredo. Quando estão confiantes acerca do serviço que você entrega, os clientes vão retornar, dar referências, recomendar. Quando os membros da equipe estão confiantes sobre seu comprometimento e sua cultura, trabalharão com entusiasmo para entregar excelência em serviço.

Será esse bloco de construção um bom lugar para investir seu tempo e dinheiro? Uma recuperação de serviço eficiente transforma clientes insatisfeitos em fiéis defensores. Garantias transformam membros da equipe em verdadeiros crédulos. Os resultados que você obtém valem o esforço. E essa promessa é garantida.

Perguntas para Provedores de Serviço

- Quais são suas políticas e procedimentos de recuperação?
- O que você pode fazer para recuperar rapidamente o serviço quando alguma coisa dá errado?
- Que problemas você pode antecipar? Que soluções pode preparar?

Perguntas para Líderes de Serviço

- Seu pessoal busca problemas ativamente como oportunidades de a bola voltar a quicar?
- Os membros de sua equipe trazem problemas para você ansiosamente ou os escondem rapidamente?
- Você tem um orçamento robusto para recuperação de serviço? É fácil para pessoas próximas ao problema fornecer uma solução imediata?
- Você oferece garantia de serviço significativa? Deveria oferecer?

Capítulo 17

Benchmarking de Serviço

Imagine que você dirige até um estacionamento e descobre que o espaço mais conveniente foi reservado para sua chegada. Alguém se aproxima de seu carro e mantém a porta aberta enquanto você desce. Ele se apresenta e o guia até um pequeno balcão de segurança. O segurança lhe dirige um cumprimento pessoal. Um crachá com seu nome já foi preparado. Fora da área de segurança, você encontra um carpete vermelho que o leva para dentro do prédio.

A sala de reuniões é confortável e bem preparada, com pastas cuidadosamente dispostas sobre a mesa. Uma seleção de bebidas refrescantes está disponível para se adequar ao seu gosto. Quando você se senta, um pequeno presente lhe é entregue por um homem sorridente, um dos anfitriões. Dentro de uma caixa elegante você encontra uma caneta moderna, atraente, com seu nome completo gravado. Quando você agradece, seus anfitriões sorriem e acenam respeitosamente com a cabeça, dando-lhe boas-vindas.

Onde está você? Na sala de conferências de um banco privado? Em um elegante *showroom* de artigos de luxo? No enclave especial de um joalheiro de celebridades e outros convidados ricos?

Pode ser difícil imaginar, mas você chegou para uma visita presencial a um terminal Vopak na Ásia. Vopak é o mais antigo e maior fornecedor mundial de instalações de armazenamento condicionado para líquidos a granel, além de ícone emergente da excelência em serviço. Com 80 terminais em 30 países – armazenando produtos químicos líquidos e gasosos, derivados de petróleo, petroquímicos, biocombustíveis, óleos vegetais e gás natural liquefeito –, você pode presumir que a companhia está mais focada em segurança e excelência operacional que no apelo estético e emocional do serviço. Mas sua suposição estaria errada.

Sem dúvida, a Vopak entende a necessidade de segurança e o valor da excelência operacional, trabalhando intensamente para conservar uma reputação de excelência em ambas as áreas. Mas ela também está trabalhando muito para se diferenciar no serviço, antes que isso se torne o padrão da nova indústria. A Volpak sabe que os concorrentes ainda não estão oferecendo excelência em serviço. E está olhando para fora do próprio ramo para entender como outras organizações construíram reputações duradouras para níveis de serviço de classe internacional.

O que é *Benchmarking* de Serviço?

Fazer o *benchmarking* de um padrão de negócios significa comparar seus processos de negócio com as melhores práticas de organizações-"alvo" selecionadas. As dimensões frequentemente estudadas incluem qualidade, tempo e custo – com interesse em melhorar os próprios processos de aumentar a produtividade, reduzir as perdas, fomentar a velocidade ou chegar a custos mais baixos.

Como bloco de construção da cultura de serviço, o *Benchmarking* de Serviço é notável. Primeiro, quando você explora as dimensões a estudar, o foco estará nas experiências de serviço, não só nos processos. Como os líderes de outros campos criam valor de serviço, melhoram o serviço interno e constroem uma cultura de serviço em que pessoas incríveis gostam de trabalhar?

Segundo, seu objetivo não é apenas melhorar processos e resultados. Como bloco de construção da cultura de serviço, um objetivo igualmente importante é criar infinita curiosidade em toda a organização que faça cada pessoa observar, inquirir e aprender. Seu objetivo é uma cultura autossustentável que se distinga pela excelência em serviço, não só por dados valiosos para melhorias de serviço tático. Você deseja desenvolver uma equipe focada de prestadores de serviço que buscam entender como outros líderes criam experiências de excelência em serviço para seus clientes e colegas? O que podemos aprender e depois adaptar, adotar e aplicar para melhorar o serviço que entregamos aos nossos clientes e uns aos outros?

Avalie a Experiência

As oportunidades de *benchmarking* existem em todos os pontos da experiência do cliente: descobrir, comparar, testar, experimentar, comprar, aplicar, aprender, melhorar, atualizar, instalar e mesmo comentar, reclamar e repetir o ciclo.

Trabalhei com uma equipe de líderes das Operações da Microsoft em uma conferência global para melhorar sua experiência com clientes e parceiros. Estavam conduzindo uma discussão inicial de *benchmark* sobre quem estudar para obter práticas melhores em seu campo. Com um sistema de pedidos que inclui autorização, ativação, garantia de segurança, verificações de crédito, atualizações de licenças e aprovações de cobrança, a empresa naturalmente pensou em outras grandes organizações de licenciamento de *software* com sistemas complexos semelhantes: SAP, Oracle, IBM, Cisco e outras.

Sugeri que o *benchmark* mais rápido que poderiam aplicar era o sistema patenteado "1-Click", da Amazon. Um dos líderes reagiu de imediato com uma explicação sobre como compras *business-to-business* [negócio-a-negócio], por meio de um canal de parceria, são completamente diferentes de alguém que compra um livro para entrega em casa ou para baixar no Kindle.

"Não é o que está sendo pedido que sugiro que você compare aqui," disse eu. "É o processo de fazer o pedido." O executivo se calou por um momento, imaginando quantas telas diferentes seus parceiros têm de navegar para expor, com sucesso, seus pedidos. Então meneou a cabeça reconhecendo o desafio que estava à frente e o benefício do *benchmarking* da Amazon.

Você pode comparar qualquer ponto da experiência do cliente. Por exemplo, quem realiza um ótimo trabalho com os clientes mais novos, fazendo com que se sintam bem-vindos, à vontade e bem-sucedidos? O processo de entrega de um carro zero na fábrica BMW da Alemanha é tão inspirador que as pessoas programam suas compras com meses de antecedência e voam para lá do mundo inteiro. Como é ser um novo cliente da sua organização?

Quem cuida terrivelmente bem dos clientes que possui, desfrutando de taxa elevada de clientes que retornam e baixo volume de devolução de produtos? A Apple é líder em dispositivos pessoais com níveis de fidelidade conquistados todos os dias no Genius Bar de suas lojas. Minha filha, Brighten, sorriu quando eles substituíram, gratuitamente, a bateria de seu *laptop*. "Não sei", disse ela, "por que alguém com um Apple haveria de mudar para outra marca." Os clientes dizem isso a seu respeito?

Para onde quer que se olhe, as melhores práticas estão nos esperando para serem descobertas. Que empresas fazem do ato de comprar um prazer? A Nordstrom está devotada a essa causa. Onde é agradável testar ou experimentar uma amostra? A Häagen-Dazs quer que você experimente todos os sabores. Que organizações são mestras em ensinar aos novos clientes como conseguir o máximo de seus produtos e de seu serviço? Em Portland, no Oregon, a Apple leva de ônibus cidadãos idosos do centro comunitário local para suas lojas e ensina a eles a usar um computador, alguns pela primeira vez na vida. Quem atende de modo mais conveniente ou mais rápido? A Pizza Hut estará com o jantar na sua porta em menos de 45 minutos. Onde é supersimples fazer uma atualização? Muitos serviços de *software* não exigem mais que um clique. Que empresa é melhor em desfazer todo o negócio se você não estiver cem por cento feliz? A L. L. Bean garante isso. Quem são os líderes em conectar os clientes a uma comunidade do Facebook, do LinkedIn, do Google ou a qualquer outro fórum?

Benchmark Além da Concorrência

Vale a pena fazer uma análise competitiva, mas é mais provável que ela promova emulação e sintonia fina que inovações radicais. O *Benchmarking* de Serviço o convida a olhar para fora de sua indústria em busca de ideias fora da caixinha de sempre. A ficar curioso sobre todas as outras indústrias. A olhar mais de perto em todas as direções. Quem cria uma grande experiência cara a cara, na loja, em casa, durante a entrega, na internet, ao telefone, por *e-mail*, por texto, por *chat*? Quem impressiona dia e noite os consumidores a que serve, com opções e conforto, segurança, rapidez e sorrisos?

Por exemplo, o aeroporto Changi quer que você desfrute de um serviço personalizado, livre de estresse e positivamente surpreendente. Por isso instalou um exuberante jardim de borboletas, que é um lugar incrível para nos inspirar em termos pessoais, e um escorregador de quatro andares, cheio de voltas, que oferece emoções inesperadas e vibração em família. Mas nenhum outro aeroporto no mundo fornece essas novidades como vantagens competitivas. De onde foram tiradas essas ideias incríveis?

O aeroporto Changi faz o cronograma de chegadas e partidas, aloca portões destinados a embarque e desembarque e recebe os visitantes que acompanham passageiros que chegam e partem. Hospitais agendam cirurgias, reservam os conjuntos cirúrgicos especializados e recebem acompanhantes dos pacientes em recuperação. Há muito tempo, hospitais têm usado jardins como locais tranquilos para ajudar as pessoas a descansarem e a relaxarem em um ambiente personalizado e livre de estresse. E em muitos dos melhores jardins do mundo você desfrutará da graça e da beleza das borboletas.

O aeroporto Changi recebe famílias do mundo inteiro com crianças com energia para queimar e que querem se divertir. Parques temáticos oferecem atrações envolventes e passeios divertidos a famílias com crianças com energia para queimar e que querem se divertir. E em muitos dos melhores parques temáticos do mundo sua família descobrirá escorregadores de vários andares.

Deixe o apetite por melhorias alimentar sua curiosidade sobre o que está funcionando do lado de fora. "Quem faz o que fazemos, mas melhor?" é uma boa pergunta para comparação competitiva. A pergunta mais poderosa para o *Benchmarking* de Serviço é: "Quem cria uma experiência que faz os clientes se sentirem do modo como queremos que nossos clientes se sintam?".

Avalie a Arquitetura da Cultura de Serviço

Podemos construir uma cultura da excelência em serviço avaliando como os outros estão fazendo a mesma coisa que nós. A arquitetura apresentada na Parte Um inclui Liderança de Serviço, que discutimos na Parte Dois; os 12 Blocos de Construção da Cultura de Serviço, que estamos explorando na Parte Três; e Educação de Serviço Acionável, que veremos na Parte Quatro. Tudo isso pode ser comparado.

Liderança de Serviço: Estude líderes de sucesso com compromissos de serviço inflexíveis e as lendárias empresas que lideram: Richard Branson, da Virgin; Lou Gerstner, ex-CEO da IBM; a família Nordstrom; Walt Disney; L. L. Bean; e Jack Mitchell, o CEO que escreveu *Hug Your Customers* [Abrace seus Clientes]. Estude suas histórias, leia suas biografias e siga sua liderança para o topo.

Linguagem Comum de Serviço: Na Starbucks, os funcionários falam uma linguagem comum, facilitando a coordenação mútua e entregando grande serviço aos clientes. Esse é o resultado de seus vigorosos esforços para promover e encorajar a linguagem. Seus clientes também compreendem sua linguagem de serviço? Você está fazendo tanto quanto a Starbucks para ensinar isso a eles?

Visão de Serviço Inspiradora: Quem tem um lema, um *slogan*, uma *tagline* ou uma declaração que realmente empolgue seu pessoal? Funcionários da FedEx dizem, com orgulho, que seu sangue corre roxo. O que seu pessoal diz?

Recrutamento de Serviço: A Zappos estabelece um padrão para a seleção de membros da equipe que *realmente* querem trabalhar lá. Você pode visitar seu escritório nacional e avaliá-los gratuitamente. Descubra como em Zappos.com.

Orientação de Serviço: O programa integrado de orientação para todos os funcionários baseados no aeroporto Changi os conecta à instalação, às empresas aéreas, aos passageiros, à nação e uns aos outros. Até que ponto seu programa ajuda novos membros da equipe a se conectarem?

Comunicações de Serviço: Campanhas políticas, competições esportivas e histórias de celebridades são transmitidas em todo o mundo com repetição e velocidade recorde. Suas comunicações podem ter um objetivo diferente, mas como você pode obter o mesmo nível de conscientização e engajamento?

Reconhecimento e Recompensas de Serviço: Prêmio Nobel, Ouro Olímpico e Calçada da Fama. Nossa cultura global é rica em tradições e momentos de glória. Sua cultura de serviço é tão abundante? Eleger o "funcionário do mês" é o melhor que você pode fazer?

Voz do Cliente: Está lembrado da última vez em que alguém ouviu, com cuidado, o que você pensa e sente? Quando foi a última vez em que alguém prestou toda a atenção a cada palavra que você escreveu? Essas experiências estão no topo de uma escala de interesse e atenção. Nessa mesma escala, o que você quer que seus clientes sintam quando falam com você ou lhe escrevem?

Medidas e Métricas de Serviço: O Google mede todos os possíveis índices para atendê-lo com as melhores páginas, respostas, *links* e ofertas publicitárias. A palavra japonesa *kaizen* significa "melhoramento contínuo e mudança para melhor". Quem você vai estudar para melhorar ainda mais seu uso das medidas? Até que ponto podemos melhorar com as medidas que usamos?

Processo de Melhoria de Serviço: De maneira consistente, a Singapore Airlines pontua no topo, ou perto dele, cada classificação de serviço, e há muitos anos é assim. Isso não acontece por ela ter acesso aos melhores aeroportos, aos melhores *sites* ou agentes de viagem – ou mesmo a aeronaves melhores. Todas as outras linhas aéreas têm acesso à mesma coisa. A dedicação da Singapore Airlines à contínua Melhoria de Serviço é o que a transforma em uma ótima maneira de voar. Ela usa todos os Processos de Melhoria de Serviço para afinar, atualizar e até transformar seu atendimento ao cliente. Qual desses processos você também usa?

Recuperação de Serviço e Garantias: Se algo der errado, prometemos consertar. Há garantias vitalícias, de reembolso de valores e para as 100 mil milhas. Que promessas seus clientes merecem? O que seus colegas merecem? A satisfação com seu serviço está garantida?

***Benchmarking* de Serviço**: Podemos aprender como outras organizações praticam o *benchmarking* fazendo as seguintes perguntas: "Onde você aprendeu isso?", "De onde tirou essa ideia?" e "Como fez isso funcionar tão bem?". Sempre que eles não responderem: "Nós mesmos inventamos isso", estamos chegando mais perto de descobrir seu *benchmark*.*

Modelagem de Função de Serviço: Observe o garçom que ganha as maiores gorjetas. Descubra que professor tem as mais altas pontuações dos alunos. Veja que fornecedor obtém mais classificações cinco estrelas. Observe o provedor de serviço com o qual você trabalha e todos admiram. O que ele está fazendo que você também poderia fazer? O que você pode aprender com o exemplo dele?

Educação em Serviço Acionável: Estude empresas que têm conjuntos integrados de aprendizagem de serviço de cima para baixo e de baixo para cima. É possível que você tenha de procurar muito até que isso se torne uma prática mais comum. Talvez você e sua organização encontrem o *benchmark* nesse domínio.

Benchmarking Pode ser Fácil

O tradicional *benchmarking* de negócios é uma atividade de alto nível, com seleção cuidadosa de alvos, substancial planejamento pré-visita e rigoroso processo de avaliação e implementação pós-visita. Você também pode fazer isso. Mas não deixe que uma abordagem completa e detalhada o impeça de encorajar uma versão muito mais simples de *benchmarking*.

---

* Isto é, estamos chegando mais perto de descobrir seu padrão de referência. (N. do T.)

Lembre-se: um dos objetivos é que todos fiquem curiosos sobre aprender e melhorar.

Cada ligação telefônica pode ser um momento de *benchmarking*. A pessoa com quem você esteve falando o fez se sentir apreciado, bem-vindo, confiante ou compreendido? O que ela disse? Como ela fez isso? Você pode usar isso em sua próxima ligação? Cada *e-mail* recebido deve ser avaliado e imitado se isso o levar a uma ação positiva. Cada reunião é um possível momento de *benchmarking*, outra oportunidade de apreciar, adaptar e aplicar.

Um meio fácil de iniciar o *benchmarking* é fazer com que pessoas em sua organização aprendam ao visitar umas às outras. Seu serviço de atendimento ao cliente é conhecido pela simpatia e flexibilidade? Peça à equipe financeira que faça uma visita de *benchmarking*. Os membros de sua equipe financeira são respeitados pela precisão e rapidez? Peça à equipe de entrega que faça uma visita de *benchmarking*. Existe alguma filial, fábrica ou loja que todos admiram? Peça a esse grupo que faça um convite e receba visitas frequentes dos pares.

Todos Podem Fazer *Benchmarking* de Serviço

Quando programar uma visita a uma organização externa, inclua pessoas de diferentes níveis na comitiva. Os que trabalham na linha de frente podem não entender certos detalhes que os que estão em posições mais elevadas entendem, mas verão as coisas de uma perspectiva diferente, muitas vezes com *insights* de igual valor.

Um clube que frequento inclui restaurantes, piscinas, quadras de tênis e outras instalações que você naturalmente esperaria encontrar. Mas seu processo de *Benchmarking* de Serviço tem características que não encontrei em nenhuma outra parte do mundo. Durante a orientação prestada aos novos membros da equipe, os participantes são distribuídos em pares. A cada par é atribuído o *benchmark* de um dos hotéis cinco estrelas das proximidades, onde despontam alguns dos mais elevados padrões de serviço do mundo. É pedido a eles que façam uma visita ao hotel e retornem quatro horas mais tarde, depois de saborearem uma delícia no café do estabelecimento.

Antes da partida das duplas, todos revisam a tarefa do *benchmarking*. Cada equipe deve descobrir em que áreas o hotel se destaca e em quais poderia melhorar:

1. Observem cuidadosamente o hotel do exterior. O que parece maravilhoso? O que precisa ser melhorado?
2. Aproximem-se da recepção. Que cumprimento receberam?
3. Entrem no *lobby* e caminhem. São bem-vindos e lhes oferecem ajuda?
4. Encontrem o telefone do hotel. Peçam a quem atender recomendação de um restaurante. Perguntem a que horas o restaurante abre para o jantar. Perguntem qual é o prato de entrada do dia.
5. Encontrem a loja do *lobby* e perguntem onde podem comprar um buquê de flores.
6. Caminhem até a cafeteria. Desfrutem de uma bebida e de um lanche enquanto observam atentamente cada momento do serviço.
7. Discutam entre si a experiência. Durante a visita, tomem nota sempre que puderem.
8. Estejam prontos para compartilhar com o grupo: O que foi mais impressionante? O que lhes causou surpresa? O que ainda pode ser melhorado? Do que aprenderam, o que poderia ser aplicado aqui, em nosso clube?

Imagine o impacto dessa visita durante os primeiros dias de uma pessoa no trabalho. Ela iria comparar suas experiências de serviço com um dos melhores atendimentos do mundo. É pedido aos novos funcionários que explorem e pensem; é mostrada confiança neles para avaliar, comparar e recomendar. Essa experiência é, em si mesma, um marco de referência. Como você poderia adaptá-la e aplicá-la?

Seja um *Benchmarker* Generoso

Vencedores de muitos prêmios nacionais de qualidade são convidados a mostrar suas práticas a outros como condição para ganhar o prêmio. Isso incentiva todos a continuar melhorando.

Quando você pedir permissão a outra organização para visitá-la e aprender com ela, não deixe de devolver o valor. Prometa compartilhar um relatório sobre o que aprendeu ou fazer uma exposição mostrando como vai aplicá-lo. Deixe seu "alvo" saber que você os ajudará a crescer, assim como eles o estão ajudando a melhorar. E quando estiver pronto para os níveis mais elevados do *Benchmarking* de Serviço convide os líderes reconhecidos para fazer o *benchmark* em sua empresa.

Perguntas para Provedores de Serviço

- O que você pode aprender estudando o serviço que recebe de outra pessoa?
- O que você pode aprender estudando a cultura de serviço de outras organizações?
- Quem entrega grande serviço em sua organização? O que você pode fazer diferente para seguir o exemplo deles?

Perguntas para Líderes de Serviço

- A quem você está aplicando o *benchmarking* agora? O que quer saber?
- Quem faz o *benchmarking* em sua organização? Quem mais você poderia envolver nesse processo vital de aprendizagem?
- Que lições você aprendeu de seus esforços de *benchmarking*? Que atitudes tomou para aplicar esses *insights*?

Capítulo 18

Modelagem de Função de Serviço

Por que o Modelo de Função de Serviço é o bloco de construção final de uma cultura da excelência em serviço? Ele é menos importante que os outros? De jeito nenhum. Trata-se do caso de guardar o melhor para o final.

Imagine que você está desenvolvendo força e alinhamento em cada um dos outros blocos de construção. A visão de sua organização é clara, o recrutamento é eficiente, comunicações, recompensas e medidas estão todas alinhadas. Mas seu chefe não se comporta como se acreditasse nisso. Você acreditaria?

Agora, imagine que sua organização está melhorando nos outros blocos de construção, embora isso seja claramente um trabalho em andamento. A linguagem de serviço ainda não é comum, algumas comunicações estão desatualizadas, o programa de reconhecimento precisa de sintonia fina nem sequer existe uma garantia de serviço. Mas sua gerente vem trabalhar todos os dias com evidente empenho. Ela procura impressionar e faz as coisas acontecerem corrigindo problemas, resolvendo questões e, com frequência, pedindo sua ajuda. Fala todo dia sobre a excelência em serviço e toma atitudes de quem acredita nisso. Você também acreditaria?

O Mensageiro no *Lobby*

Jean-Pierre é o gerente-geral de um bem conhecido hotel exclusivo em Paris. É o tipo de cavalheiro impecável que você esperaria ver no cargo que ele ocupa. Conhece bons restaurantes e bons vinhos. Adora a cidade e admira seus hóspedes selecionados. Tem modos cosmopolitas e aparência elegante.

Mas quatro vezes por ano Jean-Pierre vira mensageiro. Durante um dia a cada trimestre ele não entra no prédio pelo luxuoso saguão principal, como faz todos os outros dias, mas pela entrada dos funcionários nos fundos do hotel. Como qualquer outro membro da equipe, ele se submete à checagem da segurança e depois desce para o nível dois do subsolo, onde um armário guarda seu uniforme e quepe de mensageiro.

Todos os dias, Jean-Pierre cumprimenta hóspedes na calçada, coloca a bagagem deles em um carrinho e os acompanha até os aposentos. Nos dias de chuva, ele os protege com guarda-chuvas, carrega pacotes, entrega documentos para hóspedes que participam de conferências – e vez por outra ganha uma gorjeta.

Os membros da equipe sabem que Jean-Pierre é, na verdade, o gerente-geral, mas a maioria dos hóspedes, não. Do início ao fim do dia, ele usa seu disfarce para obter comentários de grande valor de clientes reais. "É a primeira vez que se hospeda conosco?", ele pergunta. "O hotel está melhor ou pior desde a última vez em que esteve aqui? Onde mais gosta de ficar quando viaja? Algum outro hotel faz coisas que você gostaria que também fizéssemos? O que está achando do quarto? Está tudo de acordo com suas expectativas? Gostaria que eu passasse alguma mensagem ao gerente do hotel?" Os hóspedes adoram esse mensageiro sociável que parece adorar seu trabalho e compartilham com ele informações sinceras que um gerente-geral poderia não ouvir.

Na hora das refeições, Jean-Pierre almoça e janta na cafeteria da equipe no subsolo um. Sentado à mesa com seu quepe de mensageiro, ele se parece com qualquer outro membro do *staff*. Membros da equipe sentam--se com ele e falam de seus empregos, ouvem as perguntas dele e fazem as próprias perguntas. Ele compartilha suas ideias e ouve as ideias deles. Aprecia esses quatro dias do mesmo modo que os membros da equipe. Ao virem o gerente-geral na cafeteria, empurrando um carrinho de bagagens pelo saguão ou segurando um guarda-chuva, eles se sentem mais orgulhosos de tê-lo como líder.

A Moeda no Chão

Às vezes, as coisas que deixamos de lado dão um tom negativo e um mau exemplo para aqueles que nos cercam.

Visitei, recentemente, o *showroom* de uma concessionária europeia. Fiquei fascinado com a engenharia automotiva, mas a atitude da equipe de atendimento não me impressionou. Havia alguma coisa no ar, um toque de arrogância, a desconfortável olhada de relance de um vendedor que adverte: "Se você tem de perguntar quanto custa, provavelmente não poderá comprá-lo".

Andando entre dois dos carros mais caros, vi uma grande e brilhante moeda caída no chão. Ela parecia curiosa e convidativa, mas quando me abaixei para pegá-la descobri, para meu embaraço, que aquela atraente peça de dinheiro fora colada firmemente no chão.

Levantei-me e olhei em volta meio encabulado. Os vendedores riram. Os técnicos tinham visto tudo pela janela da oficina e estavam dando boas risadas à minha custa. Com certeza eu não era o primeiro cliente que caíra na pegadinha.

Uma moeda não fica colada no chão por acaso nem permanece ali sem o consentimento da chefia. Não admira que houvesse condescendência no ar – ela era sancionada no topo e tolerada lá de cima até o chão.

Criando Modelos de Função de Dentro para Fora

Modelagem de Função de Serviço não é apenas o que você faz com os clientes – é também o que você faz com os membros da equipe e o que diz a eles.

Quando a NTUC Income embarcou em uma revolução cultural, o novo CEO, Tan Suee Chieh, sabia que estava pedindo que as pessoas alterassem seu modo tradicional de pensar e sua confortável maneira de ser. A melhor coisa que ele poderia fazer era modelar novos comportamentos para todos virem e seguirem.

Como queria que seu pessoal fosse mais flexível, o sr. Tan começou a frequentar aulas intensivas de yoga para demonstrar uma determinação de ser flexível e equilibrado. Querendo que a equipe pensasse e agisse fora da zona de conforto, raspou a cabeça para um evento de caridade e exibiu orgulhosamente os resultados. Queria que a equipe usasse a nova mídia, se demorasse *on-line* e não tivesse medo do futuro digital. Criou uma conta no Twitter, páginas no Facebook e um perfil no LinkedIn para conectar a si mesmo e sua empresa ao mundo.

Agora ele quer que a companhia esteja preparada para o futuro competitivo e está treinando para correr uma maratona completa. Alguns membros da empresa se juntarão a ele na corrida. E graças ao seu comportamento todos estarão inspirados pelo mesmo compromisso.

Os membros de sua equipe percebem cada consistência e cada contradição. Você não pode pedir à equipe resposta rápida aos clientes se suas próprias reuniões não começam na hora. Você não pode pedir grande organização e limpeza se sua sala está uma bagunça. Você não pode pedir ao seu pessoal que seja educado e gentil se repete impunemente palavrões atrás de portas fechadas. Você não pode pedir aos membros de sua equipe que forneçam excelência em serviço se não servir a eles com paixão como líder de excelência em serviço.

Ser, em Todos os Níveis, um Exemplo a Ser Seguido

Ser um exemplo a ser seguido não é apenas para gerentes seniores e membros da equipe de liderança. É o que acontece cada vez que as pessoas podem ver o que você faz, ler o que escreve ou escutar o que diz em uma situação de serviço interna ou externa.

Ser um exemplo a ser seguido está presente em seu tom de voz ao falar com um fornecedor. É a maneira como você responde a um cliente em uma situação difícil. É como você formula uma mensagem escrita quando opta por discordar. Ser um modelo de função é como você participa de uma equipe, define o clima em uma situação embaraçosa ou assume a liderança claramente comprometido com um propósito ou um projeto. Ser um modelo de função está patente em cada iniciativa que você toma demonstrando sua atitude, suas competências e seu comportamento – e não apenas quando há outras pessoas ouvindo ou assistindo. O que você faz quando ninguém pode ver está sendo um modelo para si mesmo.

Perseguindo Alguém no Céu

"Quantos restaurantes existem aqui?", Todd Nordstrom perguntou a Matthew Daines, executivo do Marina Bay Sands que estava nos liderando no passeio que fazíamos pelo deslumbrante SkyPark – 57 andares acima da movimentada cidade de Singapura.

"Bem, há...", começou o sr. Daines, antes de instantaneamente virar a cabeça e sair correndo na nossa frente.

"Para onde ele está indo", perguntou Todd, vendo o sr. Daines correr ao lado da piscina de borda infinita, passar a mão em uma câmera deixada em um banco e continuar se esquivando dos visitantes sem parar de correr. Todd riu. "Uau, ele tem os pés meio velozes. Fazer zigue-zague entre a multidão de terno e gravata!"

"Oh, já sei. Aquela mulher que ele está perseguindo deve ter deixado a câmera no banco", disse eu tentando seguir seu rastro. "Ele realmente está avançando."

Todd e eu emparelhamos com o sr. Daines no *deck* de observação quando a hóspede estava lhe agradecendo pela devolução da câmera. Ele dava um sorriso gentil e estava meio sem fôlego.

"Senhora", Daines chamou quando ela começou a se afastar. "Já que estamos aqui, não gostaria que eu tirasse uma foto sua?"

A mulher sorriu com prazer. "Adoraríamos isso. Você é muito gentil."

Cutuquei Todd enquanto o sr. Daines tirava fotos da mulher com um amigo dela, ambos nitidamente animados por aparecerem juntos naquela foto. Ao lado, havia dois funcionários de um restaurante. Atrás de nós havia um homem de uma equipe de manutenção, e, ao nosso redor, se juntaram outros hóspedes que haviam acompanhado todo o incidente.

"Olhe quem está assistindo", disse eu. "Vê todos esses sorrisos? Consegue adivinhar o que eles estão pensando?"

Perguntas para Provedores de Serviço

- O que você pode fazer hoje em sua organização para definir o tom e o ritmo para a excelência em serviço?
- Como você e seus colegas podem assumir a liderança como modelos positivos de função de serviço?

Perguntas para Líderes de Serviço

- Quando foi a última vez que você fez algo que levou membros de sua equipe a dizer: "Uau! Nosso líder acredita mesmo em excelência em serviço!"?

- O que mais você pode fazer para ser um modelo de função para clientes, colegas, empresa, indústria e sociedade?
- Qual é a sua "moeda no chão"? Quais são seus comportamentos que enviam o sinal de serviço errado para sua equipe?

PARTE QUATRO

APRENDER

Capítulo 19

Aprender Requer Prática

À medida que as luzes vão se apagando, o vozerio do público se reduz a um sussurro. Um holofote avança pelo pequeno palco de madeira até um microfone colocado no meio dele. De repente, um homem alto irrompe de trás da cortina acenando para o público ansioso e gritando: "Está todo mundo pronto para se divertir esta noite?".

A multidão vai à loucura.

Era uma noite de *show* ao vivo em um pequeno clube de comédia no centro da cidade de Nova York. E era a primeira tentativa que Roger Staples fazia de apresentar um *show* com muitas piadas.

Roger fora criado no centro-oeste dos Estados Unidos. Agora, por volta dos 20 anos, trabalhava como *disc jockey* em meio-período. Mas sempre sonhara em ser comediante. Estudou todos os comediantes americanos famosos – passando o tempo livre assistindo aos seus *shows* e ouvindo suas gravações enquanto dirigia. Chegou, inclusive, a ler transcrições de seus *shows*. Roger estudou cada livro que conseguiu achar sobre comédia e riso. Conhecia a história completa dos humoristas, dos bobos da corte aos comediantes atuais. Conhecia a diferença entre sátira, comédia burlesca e *show* de piadas e podia explicar o que faz as pessoas dar gargalhadas e risadinhas.

Mas Roger também sabia que não bastava ler e escrever piadas – tinha também de impressionar as pessoas com sua confiança e carisma no palco. Então, preparando seu primeiro *show*, leu todos os livros que pôde encontrar sobre falar em público e se apresentar. Leu, leu e leu.

Naquela noite, porém, quando se colocou em frente ao microfone, Roger encarou a audiência sorridente, e sua mente deu branco. O queixo travou. E depois de 41 segundos brutais de silêncio, Roger saiu do palco sem dizer uma palavra.

Por quê? O que aconteceu?

Embora tivesse estudado cada livro, Roger nunca realmente *aprendeu* a arte do humor em apresentação *solo*. Podia falar sobre o assunto, mas não fazer a coisa. Tudo que sabia estava na cabeça, mas não no corpo. Era como ler todos os livros sobre perda de peso, mas não se exercitar nem mudar os hábitos alimentares. Ou como ver um filme sobre andar de bicicleta sem subir em uma – e cair – para aprender a pedalar, pilotar e se equilibrar.

O mesmo acontece com o serviço. Não basta ler este livro e conhecer a linguagem da excelência em serviço – você deve, também, aplicar as práticas. Existem quatro abordagens que pessoas e organizações podem praticar quando se trata de aprender sobre a excelência em serviço. Que categoria descreve melhor sua equipe ou sua organização? Que categoria o descreve melhor?

Os Que Nada Fazem: Os que se enquadram nesse grupo não fazem absolutamente nada para elevar seus níveis de serviço ou aumentar a compreensão que seus funcionários têm dele. Continuam no mesmo ponto, dia após dia, como se a Melhoria de Serviço fosse irrelevante, sem importância, ou não fosse da conta deles.

Os Papos-Furados: Os papos-furados fazem marketing dizendo que fornecerão um bom serviço e reforçam a coisa com cartazes motivacionais, mas não fornecem nenhuma ferramenta de aprendizado ou melhoria. É basicamente uma mensagem vazia comunicada pela liderança que se torna uma promessa vazia para clientes e apenas ruído para os funcionários.

Os Treinadores de Processo: Os treinadores de processo gastam tempo e dinheiro no treinamento do atendimento ao cliente, e eu me pergunto por que não são feitas quaisquer melhorias substanciais ou por que o entusiasmo esfria com tanta rapidez. Essa é a diferença vital entre treinamento e educação para o serviço. O treinamento ensina as pessoas a fazerem alguma coisa: agir de determinada maneira em certas situações, usar um roteiro, seguir uma lista de verificação ou respeitar um procedimento. O treinamento é essencial quando o provedor de serviço tem de fazer a coisa certa exatamente no momento certo. Pilotos e cirurgiões, por exemplo, são cuidadosamente treinados para seguir procedimentos e têm suas competências verificadas com regularidade.

Mas o treinamento é tático, baseado em regras, e, muitas vezes, haverá um treinamento para cada função. Em uma grande organização de serviço, isso leva a uma compreensão fragmentada do que o serviço significa para diferentes colegas e clientes. O treinamento de processo deixa, com frequência, os funcionários em dúvida sobre o que fazer em situações nas quais não foram treinados para lidar. E, como as necessidades e os interesses dos clientes estão sempre mudando, isso leva a frequentes intensificações do trabalho, que consomem o tempo dos gerentes e deixa membros da equipe da linha de frente sentindo-se desengajados e despojados de poder.

Os Educadores de Serviço: Os educadores de serviço são diferentes. Envolvem todos os membros da equipe na aventura de um aprendizado contínuo. Sabem que se tornar competentes em serviço não acontece de repente, assim como dominar a matemática ou aprender uma nova língua não pode acontecer do dia para a noite. Quem está neste grupo sabe que a educação para o serviço tem de ser frequente, repetida, revisada e renovada para todos, em uma base contínua e inspiradora.

O treinamento ensina alguém que atitude tomar em uma situação específica. A educação ensina a ele a pensar sobre serviço em qualquer situação e depois optar pelas melhores iniciativas a serem tomadas. Educadores de serviço ensinam princípios fundamentais de serviço. Desenvolvem estudos de caso relevantes, exercícios personalizados, simulações desafiantes e discussões práticas com pontos-chave do aprendizado a aplicar. Ensinam com dados em tempo real, comentários correntes do cliente, elogios, queixas e informação competitiva. E não param por aí. Insistem que a educação de serviço deve levar a procedimentos de ação prática para cada pessoa e posição. E isso deve ser valioso para cada colega e cliente atendido.

Quem é educador de serviço sabe que novos aprendizados acontecem quando os princípios são postos em ação, novos *insights,* descobertos, novas aptidões, desenvolvidas, e novo entendimento e competências, protegidos. Apenas ler um livro não vai melhorar sua *performance* de serviço ou construir sua cultura de serviço. É por isso que os capítulos neste livro incluem tantas etapas de ação. São necessárias novas ações para elevar seu serviço e fascinar as pessoas ao seu redor.

Por fim, os educadores de serviço usam métodos de ensino edificantes. Habilidades e atitudes de serviço são produzidas e experimentadas em conjunto. A fabricação requer um conjunto competente de técnicas. O serviço requer um conjunto competente e bem-sucedido de técnicas *e* mentalidade de excelência em serviço.

A Educação Pode ser Emocionante

"É incrível, não é?", perguntei a Todd Nordstrom quando estávamos na beira da calçada, em frente ao Marina Bay Sands, esperando um táxi. "Todos neste complexo entraram no clima."

Todd meneou a cabeça e continuou tirando fotos com o celular.

"Sr. Kaufman!", alguém gritou a distância. "Sr. Ron Kaufman!" Todd parou de tirar fotos. "Quem é?", ele perguntou quando um homem correu em nossa direção.

"Sr. Ron, que bom que voltou!", disse o homem com um sorriso alegre. "Vou conseguir um táxi para o senhor."

O homem assobiou enquanto agitava o outro braço. Todd o observou com curiosidade e prestou atenção quando respondi à sua simpatia com um cumprimento.

Assim que as portas do táxi se fecharam, Todd virou a cabeça para ver o homem acenando em despedida. "Um amigo seu?", ele perguntou.

"Eu o conheci há algumas semanas, quando vim almoçar aqui", respondi. "É um grande sujeito. Ele realmente compreende. É esse o nível de entusiasmo que toda empresa desejaria ver em seus funcionários no atendimento ao cliente."

"Não brinque", disse Todd. "Qualquer hotel acharia incrível contratar um cara expansivo como esse."

"É", disse eu. "Mas esse nível de entusiasmo não resulta apenas de bom recrutamento. O Marina Bay Sands está continuamente educando os membros da equipe para apresentarem esse nível de atendimento em todo tipo de situações."

"Você não pode treinar alguém para demonstrar tanto entusiasmo", disse Todd.

"Não, não pode", disse eu, concordando. "Mas pode educá-los, e eles ficarão muito animados no atendimento."

Capítulo 20

Os Seis Níveis de Serviço

Yanti Karmasanto estava fazendo compras em sua cidade natal, Jacarta, na Indonésia, depois do almoço. Ela entrou em um dos grandes *shoppings* construídos onde havia uma fazenda quando ela era jovem. A música jorrava de todas as lojas em uma imprevisível mistura de melodias. Quando Yanti passou por uma loja, a música lá dentro parou de repente, e o lojista soltou um rosnado. Ela virou a cabeça e viu algo que a maioria das pessoas não vê há anos, se é que viu algum dia. O lojista estava mudando a música no aparelho de som e, quando puxou um velho cassete, todo o fino *tape* metálico se espalhou pelo chão, em uma tremenda bagunça.

Você se lembra disso? E tem idade suficiente para se lembrar dos discos de vinil que podiam ser acidentalmente arranhados? Ou dos cartuchos do toca-fitas? E dos CDs rachados? Está lembrado de quando você tinha de ir ao centro da cidade para comprar um disco novo em vez de simplesmente baixar a música para o celular ou o computador? Hoje a música é livre de saltos, de arranhões e nunca acumula poeira.

Claro, é fácil ver como a tecnologia está em constante mudança ao longo de nossa vida. Empresas que manufaturam produtos compreendem que

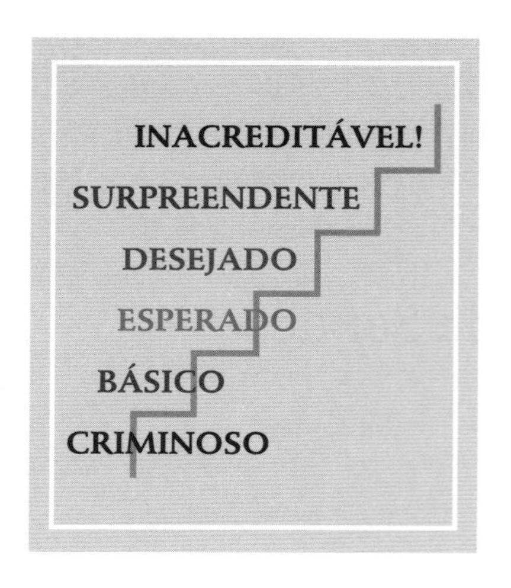

devem sempre estar introduzindo algo novo, mais rápido, mais fácil ou melhor para manter os clientes envolvidos. Se não o fizerem, serão deixadas no pó da estrada, quando os clientes se atualizarem para o próximo produto novo.

Mas pouquíssimas companhias compreendem que o serviço é exatamente o mesmo – está sempre mudando, e é seu trabalho ficar à frente dos clientes, da concorrência e da curva. Serviço não diz respeito ao que você faz, aos processos que usa ou a como você sabe seguir os procedimentos. Diz respeito à experiência e ao valor que você cria para outra pessoa.

Vamos começar compreendendo seu atual nível de serviço. Quer você sirva clientes externos ou colegas internos, seu serviço se ajustará a um entre Seis Níveis de Serviço. Pense em seu nível de serviço do ponto de vista de outra pessoa. Seu serviço pode ser:

Inacreditável: O serviço inacreditável é assombroso e fantástico. As pessoas nunca esquecem esse nível de serviço. As experiências podem até se tornar lendárias, compartilhadas com afeto por clientes fiéis e comentadas com orgulho por colegas. São atos de provedores de serviço e organizações profundamente apaixonados, que se orgulham de prestar serviços extraordinários.

Uma empresa de alarmes de segurança residencial na Nova Zelândia se orgulha de seu serviço ABCD: *Above and Beyond the Call of Duty* [Acima e Além da Chamada do Dever]. Sempre que visitam os proprietários para fazer instalações, verificações do sistema ou atualizações, as equipes só deixam a casa depois de cumprir duas tarefas extras que ajudam o proprietário, mas nada têm a ver com o sistema de segurança. Podem consertar uma torneira vazando, lubrificar uma dobradiça rangendo ou uma cadeira ou janela quebrada. Esses momentos de serviço extra não têm qualquer relação com a eficiência do sistema de segurança 24 horas da casa, mas têm tudo a ver com o forte sucesso comercial dessa empresa e a *inacreditável* reputação de seu serviço.

Surpreendente: O atendimento surpreendente é algo especial, como um presente inesperado. Surpreender dá aos clientes mais do que esperavam, transformando você em um indivíduo ou uma organização que atrai continuidade e se destaca na multidão. Os clientes retornam repetidamente a esses provedores de serviço e falam com satisfação do atendimento aos amigos. Mas entregar esse nível surpreendente de serviço não é apenas questão de entusiasmo e vibração. Você tem de realmente entender o que a pessoa que está atendendo valoriza de fato.

Alguém já lhe deu um presente de que, sem dúvida, você gostou – um que o deixou genuinamente surpreso e fascinado? Lembra-se de como isso foi bom? E alguém já lhe deu um presente que, em vez de criar surpresa maravilhosa, gerou incômodo? Talvez tenham lhe dado algo que *eles* valorizavam e tinham certeza de que você gostaria. Ou então lhe deram algo de que você *costumava* gostar, mas seus gostos e interesses mudaram.

Qual é a diferença entre essas duas situações? Em ambos os casos, alguém escolheu, comprou, embrulhou e o presenteou com algo que supostamente causaria uma surpresa agradável. Em um caso, a pessoa teve êxito. No outro, ela fracassou. A diferença não estava nas intenções; estava na compreensão tida de suas necessidade e desejos. O serviço surpreendente não significa imaginar saltos entusiásticos de alegria de provedores de serviço empolgados – a não ser que se trate daquilo que seus clientes ou colegas querem e valorizam. Serviço surpreendente significa saber o que outra pessoa mais aprecia e valoriza, dando-lhe, assim, mais do que ela esperava.

Desejado: Serviço desejado é o que outras pessoas esperam e preferem. Esse nível descreve o serviço entregue da maneira exata que determinada pessoa gosta. Para uma pessoa, ele pode ser extrarrápido, flexível ou bem acessível. Para outra, pode ser muito pessoal ou envolver uma gama variada de preços, pacotes ou opções. O serviço desejado traz as pessoas de volta; dá a elas o que valorizam, do modo como desejam receber.

Esperado: O serviço esperado nada tem de especial. O cliente pode até voltar a procurá-lo, mas só se não houver opções melhores. Esse nível de serviço, padrão da indústria, costumava ser considerado aceitável. Afinal, a definição ultrapassada de bom atendimento era simplesmente "atender às expectativas". Mas no mundo de hoje esse nível não conquista a menor fidelidade.

Básico: O serviço básico é decepcionante; é o mínimo em si. Esse nível de serviço leva à frustração – é tardio, lento, incompleto ou indelicado. Quando chega ao fim, damos graças a Deus. E o cliente pode não se queixar. No entanto, poderá aconselhar os amigos a evitarem sua empresa e certamente não vai querer ficar novamente exposto a esse tipo de serviço.

Criminoso: O serviço criminoso rompe uma promessa de serviço; viola até mesmo um mínimo de expectativas. Os clientes ficam atentos para jamais voltar a recorrer a uma empresa com esse tipo de serviço e ficam, às vezes, irritados o bastante para fazerem contato com você e se queixarem. E o que não dizem a você é muito provável que digam a outros. Esse tipo de serviço cheio de más notícias ganha boa repercussão e num instante pode se tornar viral *on-line*.

Seis Níveis de Serviço Interno

Esses Seis Níveis de Serviço ajudam você a ver o mundo do ponto de vista do cliente. Aplicam-se a todas as pessoas em todas as posições e a cada momento de serviço, incluindo quando você e seus colegas atendem uns aos outros.

Suponha que você peça ajuda a um colega e ele ignore seu pedido. Então você pede de novo, mas ele diz: "Estou realmente ocupado". Como precisa da ajuda dele para responder à pergunta de um cliente, você tenta mais uma vez. Ele adianta alguma coisa para que você vá embora, mas a informação está errada, e agora seu cliente está nervoso. Esse é um nível criminoso de serviço interno. Suponha que você peça a uma colega ajuda para concluir um projeto. Ela faz o que você pede, mas com atraso e de maneira incompleta. Então você tem de voltar para perguntar uma segunda vez e conseguir o que estava faltando. Não é uma boa experiência, mas finalmente você consegue o que precisa. Esse é um nível básico de serviço. Você pedir ajuda a um colega e ele entregar o que você precisa na hora certa é o que normalmente acontece na maioria das situações de negócios. É o esperado.

Agora vamos explorar os níveis mais altos. Imagine que um colega de trabalho dá a você, com rapidez e um sorriso, a informação de que você precisa. E depois acrescenta: "Se precisar de mais alguma coisa, é só pedir. Ficarei feliz em ajudá-lo". Na maioria das relações de trabalho, isso seria o desejado. Dando um passo adiante, suponha que ele responda às suas perguntas e forneça um pouco de informação extra relevante ao que você solicitou. Você não pediu, mas o que ele lhe diz torna seu trabalho mais fácil e mais bem-feito. O esforço extra de seu colega é inesperado e apreciado. É surpreendente.

Por fim, imagine que seu colega fala do seu pedido aos colegas de departamento e todos decidem ajudá-lo a concluir o trabalho mais depressa, de maneira mais completa e melhor que nunca. Esse é um nível sem precedentes de serviço interno. É inacreditável.

As Escadas Estão Sempre Descendo

O grande desafio com esses Seis Níveis de Serviço não é descobrir onde você está – você pode encontrá-lo perguntando francamente e ouvindo com atenção aqueles que você atende. O verdadeiro teste virá porque os degraus em si não são fixos; estão sempre se movendo, como em uma escada rolante – descendo. O que começa como surpreendente logo se torna desejado. E depois de algum tempo é apenas esperado ou mesmo básico. Então, antes que você perceba, todos estão perguntando o que há de novo.

A escalada dos padrões de serviço é acelerada pela concorrência. Outros prestadores de serviço estão sempre procurando novas maneiras de subir para o próximo nível, visando criar uma experiência ainda melhor para o cliente. Como resultado, as expectativas do cliente não param de subir. Ficarmos no mesmo ponto significa deslizar para baixo quando nossos concorrentes estiverem subindo. Mesmo fazer o que é esperado não é mais satisfatório para ter sucesso. Esse fenômeno da escada rolante faz com que a excelência do serviço seja um alvo em movimento. Existe apenas um modo de ser sempre excelente em serviço – você deve estar avançando continuamente.

Quando uma empresa atinge o topo de sua área, permanecer lá significa apertar o passo mais que nunca. No Centro de Treinamento da Tripulação da Singapore Airlines, um visitante da Coreia perguntou com admiração: "Como a Singapore Airlines conseguiu ficar no topo todos estes anos? E como vocês planejam manter a liderança com outras linhas aéreas trabalhando tanto para superá-los?".

O sr. Sim Kay Wee, ex-vice-presidente sênior da Tripulação, respondeu claramente: "Cem por cento não basta. Quando você chega ao primeiro lugar, é preciso 120 por cento. E a razão é: se você voa por uma empresa aérea medíocre, sua expectativa de serviço pode ser de apenas 50 por cento. Se a tripulação estiver de bom humor, poderá, sem dúvida, chegar a 65 por cento. Qual seria, então, sua opinião sobre o serviço? Ela subiu 15 por cento.

"Mas, se você sabe que a Singapore Airlines é a número um", ele continuou, "qual é sua expectativa do serviço? Talvez 110 por cento. Se sua tripulação entrega serviço no nível dos 100 por cento, qual será, então, sua opinião de nosso serviço? Caiu 10 por cento!

"Esse é o desafio de ser o número um", concluiu o sr. Sim. "Se você está na liderança e não quer sair de lá, 100 por cento não é o bastante. Você precisa que cada membro da equipe continue querendo chegar ainda mais alto."

Continuar subindo ou descer também acontece em organizações. Se um departamento alcança nível mais elevado de serviço interno e os outros departamentos não o acompanham, então, por comparação, os outros estão caindo. Se fazemos uma melhoria de serviço pessoal em nossa atitude ou em nossas competências de atendimento, vamos subir para outro nível. Em comparação, se as pessoas com as quais trabalhamos continuam fazendo a mesma coisa de sempre, em termos de avaliação de padrão, seriam vistas como caindo. Promoções são conquistadas pelo reforço diário do ritmo de trabalho. Parcerias fortes são criadas quando todos sobem juntos.

Que Nível de Serviço Você Deve Fornecer?

Que nível de serviço você deve procurar oferecer diariamente? Evitar os níveis criminoso e básico deveria ser óbvio, pois eles degradarão sua reputação de serviço, afastanto bons clientes e colegas. A prestação do serviço *esperado* pode ser adequada, mas está apenas a um passo do básico. Fornecer o serviço *desejado* significa dar às pessoas o que elas querem e do modo como querem. É um padrão admirável e alcançável que devemos buscar todos os dias.

Quando devemos ir além das expectativas e entregar um serviço *surpreendente* ou mesmo tentarmos esticar para o *inacreditável*? Primeiro, sempre que se quiser criar uma impressão duradoura e uma poderosa memória de serviço. Segundo, quando quisermos demonstrar nossa capacidade de detonar a concorrência ou inflar, de modo positivo, a mente de nossos clientes. Terceiro, quando estivermos nos reerguendo depois de algo que deu errado; proporcionar uma experiência de serviço surpreendente é uma boa recuperação técnica. E, por fim, sempre que virmos a oportunidade de proporcionar níveis espetaculares de serviço, sem aumentar os custos ou os aborrecimentos, devemos, sem dúvida, aproveitá-la. É provável que a concorrência descubra a mesma oportunidade momentos mais tarde, mas chegaremos lá primeiro. Cada momento pode se tornar positivo quando avançamos para fornecer um nível de serviço mais elevado. A única questão que importa é: Vamos liderar ou seguir?

Perguntas para Provedores de Serviço

- Acompanhe, esta semana, o serviço que você recebe. O que consegue fasciná-lo? O que o decepciona? Observe como cada provedor de serviço usa ou perde a oportunidade de lhe proporcionar um nível mais alto de serviço de qualidade.
- Como você pode demonstrar reconhecimento às pessoas que lhe proporcionam excelência em serviço? Que tal escrever um elogio? Ou postar uma bela resenha *on-line*? Quem sabe passar alguma dica ou compartilhar um sorriso extra?

Perguntas para Líderes de Serviço

- Todos os membros de sua equipe podem explicar por que intensificar o serviço faz sentido para os negócios? Você pode explicar se cada membro da equipe está inspirado para tomar novas atitudes?
- Que clientes você pode convidar para uma reunião com sua equipe? Que perguntas você fará para que eles falem francamente sobre seu serviço?

Capítulo 21

Seus Pontos de Percepção

Keri Childers não gostava daquela situação. Seu *all-in-one office*, que agregava impressora, *scanner* e fax, tinha parado de funcionar. Era uma grande máquina parada no chão. Como ainda estava na garantia *on-site*, um técnico logo chegaria ao seu *home office* para providenciar o reparo necessário. Alguém que ela não conhecia. A campanhia tocou, e o técnico de serviço se apresentou, mostrando o cartão de identificação da empresa e a ordem de serviço para o reparo. Então ela o deixou entrar, e foi aí que o inesperado aconteceu.

Quando ela lhe apresentou o dispositivo parado, ele abriu uma mochila cheia de ferramentas, pegou um par de luvas brancas e as colocou. Para surpresa dela, o técnico perguntou: "Antes de começar, posso tirar algumas dessas outras coisas do caminho? Não gostaria de derrubar nada sem querer enquanto trabalho". Ela sorriu quando ele deslocou cuidadosamente uma luminária de pé, duas fotos emolduradas e um conjunto de livros que parecia empilhado de maneira organizada.

Então ele enfiou a mão na mochila, puxou um pequeno cobertor e o estendeu cerimoniosamente diante da máquina. "Não quero arranhar ou manchar o piso", disse. Aí abriu a máquina, pegou as ferramentas e começou a trabalhar atentamente. Trinta minutos depois, quando o reparo estava feito e fora testado, Keri assinou o comprovante de entrega do serviço e agradeceu muito.

"Quando precisar, é só chamar." Ele sorriu. "Queremos sempre atender bem nossos clientes." Ele enfiou a mão na mochila e puxou mais um item inesperado: um pequeno *spray* de lustra-móveis com aroma de limão. "Se importa se eu der um retoque antes de ir?", perguntou. Keri meneou a cabeça e ficou espantada ao vê-lo borrifar a frente e os lados da máquina, depois esfregá-los com um pano e guardar tudo outra vez na mochila. Ele colocou de novo as luvas brancas e pôs no lugar a luminária, as fotos e a pilha de livros.

Depois que o técnico saiu, o escritório de Keri ficou impregnado da agradável fragrância de limão. "Que cheiro bom é esse, mamãe?", perguntou um de seus filhos, aparecendo no canto da porta, e Keri respondeu, ainda um tanto surpresa e sorrindo para si mesma: "Foi do técnico que veio aqui, querido. E que bela surpresa".

O Serviço é Entregue em uma Sequência

Todo serviço é prestado em uma sequência, uma série natural de momentos que incluem começo, meio e fim. Comprar, por exemplo, uma nova máquina para o escritório é uma transação que envolve entrar no *shopping*, comparar produtos, talvez negociar, finalmente decidir, fechar e fazer o pagamento. Ter a nova máquina instalada é uma transação relacionada, mas diferente. Envolve agendamento, desempacotar, instalar, carregar o *software*, o papel e os cartuchos, testar e, por fim, confirmar que toda a coisa funciona. A chamada de um técnico é outra transação, também com múltiplos pontos de serviço ao longo do caminho.

Cada sequência de serviço que você executa é chamada Transação de Serviço. Os momentos em que as pessoas utilizam o serviço e formam suas opiniões são chamados Pontos de Percepção. Todos esses Pontos de Percepção são avaliados – de maneira consciente ou inconsciente – nos Seis Níveis de Serviço. Alguns podem ser muito agradáveis e supreendentes, como Keri descobriu. Outros podem ser tão comuns ou esperados que, de repente, nem daremos conta deles. E certos pontos podem ser decepcionantes. Quantos Pontos de Percepção têm de cair abaixo do esperado para prejudicar a reputação de seu serviço?

A resposta honesta e assustadora é: basta um.

Vamos supor que você leia em um *site* uma boa resenha sobre um restaurante novo – esse é um primeiro Ponto de Percepção positivo. Mas quando liga para fazer a reserva para um jantar o indivíduo que atende o telefone não é simpático nem se mostra prestativo. Então você decide ir a outro lugar. E aqui está a visão perturbadora. Todas as outras pessoas que trabalham no restaurante e precisam de clientes para sobreviver nem mesmo sabem que aconteceu um problema. Um simples momento de decepção entregue por um dos muitos funcionários – entre garçons, *chef*, recepcionista, gerente, lavador de pratos e ajudante de garçom – destruiu a reserva para o jantar.

Por outro lado, quantos Pontos de Percepção precisam ser marcantes para transformar seu jantar em uma ocasião especial? Novamente, a resposta é: apenas um. E isso é uma boa notícia! Se tudo for como o esperado – a música é deliciosa, a sobremesa, algo fantástico, e o garçom, ótimo –, qualquer um desses elementos pode tornar sua noite especial e inspirá-lo a querer voltar.

O que isso significa para cada organização e cada equipe de serviço? O que isso significa para você e seus colegas? Cada um está contando com os outros para que seus Pontos de Percepção de serviço *pelo menos* funcionem no nível esperado. Mas como as escadas rolam sempre para baixo, cada um também deve estar buscando ativamente dar o próximo passo para cima.

Em uma cultura da excelência em serviço, é exatamente isso o que você e seus colegas estarão fazendo a cada dia.

Mapeando seus Pontos de Percepção

Você pode mapear os Pontos de Percepção em cada Transação de Serviço que concluir. Trace-os em um círculo, definindo um ponto inicial e um ponto final. Mapear seus Pontos de Percepção não é o mesmo que mapear os processos que você usa – sistemas de serviço, ferramentas e procedimentos. Pontos de Percepção são os pontos individuais sobre os quais os clientes formam suas opiniões sobre o serviço que você presta e a experiência que revela.

Os Pontos de Percepção podem ser mapeados em todas as transações com clientes externos e colegas internos. Para a visão externa, leve em conta a experiência de seus clientes quando eles estiverem interagindo com as diferentes partes de sua organização. Para a visão interna, leve em consideração a experiência dos colegas quando estiverem interagindo com você.

Os Pontos de Percepção no início de uma transação formam as primeiras impressões vitais – aquelas que nunca temos uma segunda chance de recriar ou recuperar. Os Pontos de Percepção perto do fim da transação formam duradouras impressões finais. E todos os Pontos de Percepção no meio, é claro, conectam as duas pontas. Muitas organizações não valorizam o número de Pontos de Percepção que podem ser identificados, estudados e melhorados. Não esqueça que basta um ponto baixo para estragar uma interação e um momento agradável de surpresa para tornar a experiência memorável.

Transações de Serviço e Pontos de Percepção

Você pode estudar seus Pontos de Percepção em sequência, por tema, por categoria, e até mesmo com os sentidos. E cada ponto de vista pode ser útil para encontrar novas formas de avançar. Primeiro, vamos explorar seus Pontos de Percepção do ponto de vista temático.

Seu pessoal: Que opiniões são formadas pelo profissionalismo, pela personalidade, pelo código de vestimenta, pelo contato visual, pela linguagem corporal, pelo tom de voz, pelo vocabulário e pela pronúncia, pelo conhecimento do produto e do processo, pela pontualidade, pela flexibilidade e pelo nível de confiança na empresa, nos colegas e neles próprios?

Seu produto: Cada ponto sobre seu produto molda e forma opinião. Que percepção têm os clientes das características, do desempenho, do *design*, da durabilidade, da facilidade de operação e manutenção, da disponibilidade, da compatibilidade, do potencial de atualização, do consumo de energia e do preço de seu produto?

Sua Embalagem: Em alguns casos e culturas, a embalagem é tão influente quanto o que está dentro dela. A sua é bem projetada, funcional e atraente? É reciclável, multiuso ou descartável? Seja apresentando uma refeição, uma caixa de papelão, um contrato, um presente ou uma proposta, sua embalagem pode ser tão importante quanto o conteúdo.

Seu Local: Seu local de trabalho tem espaço físico, está bem situado e é bem iluminado, tem boa sinalização, horários convenientes e acesso fácil, mesmo para pessoas com deficiência? Se seu local de trabalho é *on-line,* o *site* é fácil de navegar, carrega com rapidez, é atraente, agradavelmente interativo, seguro e atualizado? Se você faz negócios no local onde está o cliente, seus veículos estão bem identificados como os da empresa e seu pessoal está bem-vestido?

Suas Promoções: O marketing molda as percepções e expectativas do público acerca de seu serviço. Sua oferta é convincente? Sua publicidade é atraente? As faces públicas de sua organização projetam a imagem de serviço que você deseja?

Suas Políticas: Seus clientes se sentem bem-vindos, tolerados ou punidos por suas políticas de preço, pagamento, garantias legais e contratuais, manutenção, entrega e devoluções? Suas políticas são sensatas e os clientes podem compreendê-las com facilidade? Elas transformam o ato de fazer negócios com você um prazer ou uma agonia? Elas o fazem parecer confiante e digno de confiança ou cínico e egoísta?

Seus Processos: Seu serviço é rápido? Suas filas são longas? Você é rápido ou lento para responder a perguntas e solicitações? Seu processo é único, com um clique ou um único ponto de contato? Você cuida de todos os detalhes ou pede aos clientes que façam o trabalho? Se seu processo inclui o uso do telefone, quanto tempo os clientes esperam para ser atendidos? As vozes de seus funcionários são calorosas e amistosas? As mensagens são recebidas com clareza? Alguém já ligou de volta? Seu pessoal pode resolver um problema de imediato?

Explorando com os Sentidos

As pessoas usam todos os sentidos ao formar opiniões sobre seu serviço, como Keri e o filho descobriram com surpresa. Você pode usar isso de muitas maneiras para melhorar o serviço.

O que as pessoas veem? Revise as fotos, as fontes e as cores em seu *site*. Crie uma assinatura de *e-mail* que projete uma imagem positiva. Atualize itens antigos pendurados nas paredes. Jogue fora tudo que é ultrapassado. Troque todas as lâmpadas queimadas. Esfregue os corrimãos e varra as calçadas. Corte as folhas mortas das plantas do seu escritório. Dê uma nova demão de tinta nas paredes. Corte o cabelo.

Engraxe os sapatos. Lave e passe sua roupa. Dê mais uma olhada em volta com espírito revigorado e curioso. O que mais você pode fazer para dar um polimento em seus Pontos de Percepção e melhorar sua imagem visual?

O que as pessoas ouvem? Que vozes, palavras, tons, melodias e volumes os clientes ouvem em cada Ponto de Percepção? O ruído de fundo é um prazer ou uma distração? A mensagem de seu correio de voz é simpática e está atualizada? Monitore seu canal de som e ouvirá muitas oportunidades para melhorar. E coloque um sorriso no rosto quando estiver falando – não podemos vê-lo ao telefone, mas podemos ouvi-lo.

O que as pessoas sentem? As pessoas sentem tudo o que entra em contato com sua roupa ou sua pele. Isso inclui o peso e a textura de tudo que tocam e manuseiam: o conforto das cadeiras, a maciez dos carpetes, a temperatura em seu escritório, a textura de seus produtos e a suavidade ou a superfície pegajosa de seus balcões. O toque inclui o aperto de mão para se conectar, o *high five** para comemorar e o abraço caloroso para receber alguém de volta.

O que as pessoas provam? Mesmo se você não atuar na área de alimentos e bebidas, as pessoas formam percepções doces ou amargas sobre o serviço que você fornece. Há uma despensa ou um restaurante no local? Há petiscos ou balas de hortelã na sala de conferências ou no balcão? Passe a língua nos lábios e reflita sobre isso: até que ponto o sabor de seu atendimento é doce?

O que as pessoas cheiram? Os clientes percebem fragrâncias e flores, balas de hortelã e odor corporal, horários de refeição e máquinas, gases

* Ou, em vez da palmada ou do toque com a mão aberta, o contato com o punho fechado, comum no Brasil durante a epidemia de covid. (N. do T.)

da produção, fumaça de automóveis e muito mais. Corretores de imóveis põem na cozinha biscoitos que mal saíram do forno para ajudar a vender as casas. Prestadores de serviço inteligentes escovam os dentes após cada lanche e cada refeição. Feche os olhos e respire profundamente logo que acordar, depois do almoço e, mais uma vez, no final do dia. O cheiro de seu ambiente de atendimento é, de fato, atraente e agradável?

Um Surpreendente Sabor de Serviço

No aeroporto Changi, a Transação de Serviço chamada "chegada de passageiro" começa quando a porta da aeronave se abre e termina quando a porta do táxi é fechada. O mapeamento dessa Transação de Serviço identifica muitos Pontos de Percepção: o *finger* – plataforma de embarque (é limpo, seco, refrigerado e bem iluminado?); a área de trânsito (há carrinhos de bagagem disponíveis?, a sinalização é clara?); o balcão de imigração (a fila está andando bem?); a esteira de bagagem (quanto tempo leva para as malas chegarem?); o *duty-free* (está aberto, bem estocado e com bons funcionários?); os funcionários da alfândega (são prestativos e respeitam seus pertences?); a área de desembarque (está sempre lotada e barulhenta ou é limpa e clara?; a fila do táxi é grande?). Há muitos Pontos de Percepção, e o aeroporto Changi estuda cada um deles.

Uma das ambições do aeroporto é ser classificado como o mais amigável do mundo. Mas um Ponto de Percepção insiste em pontuar baixo na categoria *friendly* (amigável) das pesquisas de passageiros: o balcão de imigração. Claro que não é função primária da Imigração ser amigável, mas, sim, monitorar e gerenciar quem entra e sai do país. Mas como o aeroporto Changi quer intensificar a experiência dos passageiros em cada Ponto de Percepção a questão foi cuidadosamente estudada, e emergiu uma nova solução. Em vez de pedir aos agentes da Imigração que falem sobre algo amigável com passageiros que chegam ou deixam o país, o que poderia distraí-los de sua atribuição essencial, retardar o processo e levar a mais tempo de espera, o aeroporto Changi colocou uma atraente caixa de balas de hortelã em cada um dos balcões. Todo dia, quando milhares de passageiros entregam seus passaportes para a revista, os funcionários da Imigração de Singapura sorriem, mostram a caixa e gentilmente dizem uma palavra: "Doce?". E qual foi o resultado dessa inovação barata? A pontuação "amigável" da Imigração subiu.

Promessas Claras, Mantidas

Em um mundo onde a escada rolante está sempre descendo e a concorrência subindo, às vezes seus Pontos de Percepção poderão cair abaixo das expectativas de alguns clientes. Mas isso não significa que você ou eles precisem sofrer. Você pode ser proativo para antecipar sua experiência e gerenciar suas expectativas de serviço.

A abordagem de longo prazo para gerenciar expectativas é uma estratégia, não uma tática. Demora para funcionar de maneira eficaz; devemos iniciá-la bem antes de precisarmos dela. A estratégia é "Promessas Claras, Mantidas", e funciona exatamente como parece. Fazemos uma promessa de serviço clara e a cumprimos. Fazemos outra promessa clara e a cumprimos. Faça isso repetidamente quando atender clientes e colegas. Com o tempo, você construirá uma reputação de confiabilidade e um reservatório de boa vontade. Uma vez que esse reservatório esteja no lugar, você poderá recorrer a ele se e quando precisar. Se estiver temporariamente incapaz de providenciar seu serviço, em geral, de excelência, tudo que precisa fazer é se desculpar e explicar a situação. Aqueles que você atende serão extremamente compreensivos – eles têm investimento conjunto com você nesse reservatório de boa vontade.

Essa estratégia só funciona quando você cumpre as promessas que fez e quando faz suas promessas de maneira cristalina. Há grande diferença entre "não se preocupe, está garantido" e "essa garantia de três anos cobre todas as peças e a mão de obra em nosso centro de serviços. Um serviço domiciliar está disponível por um pequeno custo extra". A insatisfação está à espreita se você diz "podemos processar seu pedido em um dia", mas o que realmente quer dizer é "podemos processar seu pedido em um dia assim que tivermos o formulário preenchido e todos os documentos solicitados". E seu profissionalismo está em jogo quando você diz a um colega: "Vou fazer isso assim que puder" em vez de "posso completar isso para você até as quatro da tarde de amanhã. Não acha que vai dar tempo?".

Promessas Claras, Mantidas, também significa comunicar, de maneira clara e rápida, quando não conseguimos cumprir uma promessa, sem esperar por um salto de esforço no último minuto ou um golpe de muita sorte para salvar a situação. Às vezes acontecem imprevistos, e não conseguimos entregar o que prometemos. Devemos esperar até outras pessoas darem conta (se derem) e então explicar o que aconteceu? Deveríamos esperar até o último minuto para ver o que acontece? Afinal, por que preocupar outra pessoa se pode não haver qualquer motivo de preocupação?

Vamos olhar mais de perto. Suponha que você prometa entregar 100 itens importantes ao seu cliente na próxima quinta-feira. Mas na manhã de segunda-feira você descobre apenas 50 itens em estoque. Sua fábrica diz que pode lhe conseguir outros 50 na hora certa, porém, por causa do escalonamento e do tempo isso não é certeza.

Você deve informar ao cliente assim que souber que poderá não entregar os 100 itens? Deve correr o risco de criar ansiedade e preocupação quando ainda tem quatro dias para resolver o problema? A resposta a essas perguntas é *sim*. Com quatro dias de antecedência, o cliente terá tempo de desenvolver um plano. Se você esperar até quinta-feira para fazer o comunicado, ele não terá meios de se preparar. E, então, se a fábrica acabar entregando todos os itens a tempo, você vai se destacar como um provedor de serviços confiável que resolveu o problema com sucesso. Quando algo der errado, avise às pessoas o mais depressa possível. Promessas Claras, Mantidas, significa comunicar cedo coisas como essas, fazendo o que for preciso para cuidar de quem for afetado e realizando depois uma nova promessa de serviço. Isso pode parecer desconfortável, mas é o melhor a fazer para construir credibilidade como parceiro de serviço confiável.

Todo mundo, às vezes, se confunde na tumultuada agitação da vida. Mas as pessoas que você atende nunca deveriam ficar confusas sobre as expectativas de serviço em relação a você. É uma estratégia a longo prazo para ir construindo boa vontade a cada promessa que você cumprir. Faça promessas claras e as sustente. Comunique com antecedência quando tiver problemas.

Vencendo desde o Início

A segunda abordagem para administrar expectativas não é uma estratégia; é uma tática. É de curto prazo e não pode ser aplicada em todas as situações. Essa tática é chamada "Sob Promessa, Melhor Entrega" e, quando usada da maneira correta, criará novas oportunidades para um prazer surpreendente e inspirador.

Suponha que esteja em uma loja e a vendedora precise ir a algum lugar recuperar o item que você pediu. Ela diz: "Volto em cerca de cinco minutos", mas retorna em oito. Você fica feliz? Não. Na realidade, nos últimos minutos, você já começa a olhar o relógio e a se perguntar: "Aonde ela foi?".

Se uma vendedora sabe que vai demorar cerca de oito minutos, o que deveria lhe dizer? "Estarei de volta em cerca de dez minutos". Se ela diz isso e retorna em oito minutos, você ficará feliz? Sim. E poderia até ficar impressionado e dizer a ela: "Uau! Você é rápida mesmo!".

Qual é, então, a diferença entre essas duas situações? A simples mudança de uma palavra, de "oito" para "dez". Uma palavra e o uso criterioso por uma pessoa de vendas de uma tática comprovada para gerenciar expectativas: "Sob Promessa, Melhor Entrega".

Tempo e velocidade não são os únicos Pontos de Percepção de serviço por meio dos quais você pode gerenciar as expectativas. Pode fazer o mesmo com características do produto, disponibilidade, desempenho e preço. Imagine que você trabalha em uma loja de eletrônicos. Alguém entra para comprar uma câmera, olha, pega marcas diferentes e depois escolhe um modelo de que gosta. Suponha que a câmera escolhida venha com uma maleta de transporte sem nenhum custo extra. Se você tem certeza de que o cliente vai comprar a câmera, considere a possibilidade de contar a ele sobre o transporte depois de ele concluir a compra. Então, você pode sorrir e dizer: "Parabéns! Sua nova câmera vem também com essa linda maleta de transporte. E é grátis!".

O cliente se sentirá ótimo! Terá recebido uma boa surpresa, algo extra, algo *mais* do que esperava.

Essa tática Sob Promessa, Melhor Entrega não tem a intenção de ofender ou boicotar aqueles a quem você serve. Você está gerenciando expectativas para influenciar o que outros esperam, de modo que o serviço que fornece em Pontos de Percepção fundamentais satisfaça e agrade a eles. Você ganha, os colegas ganham e os clientes também ganham.

Aviso: Sob Promessa, Melhor Entrega é uma tática de curto prazo, não uma estratégia de longo prazo. Não a empregue várias vezes com a mesma pessoa ou o fator surpresa não funcionará. E, às vezes, simplesmente não é apropriada. Por exemplo, se a concorrência está prometendo muito e entregando muito, não faça uma promessa baixa. A tática não funcionará. Se você está pressionando por uma promoção e seu chefe tem padrões nas alturas, prometa alto desempenho e entrega ainda melhor.

Perguntas para Provedores de Serviço

- Coloque-se no lugar de alguém que está sendo atendido por você. Acompanhe a experiência da pessoa do início ao fim. Quantos Pontos de Percepção você pode ver, ouvir, tocar, cheirar e saborear do início ao fim do processo?
- Quais dos seus Pontos de Percepção são os mais baixos nos Seis Níveis de Serviço nas Transações de Serviço? O que você pode fazer agora para reforçá-los?

Perguntas para Líderes de Serviço

- Quais são as Transações de Serviço cuja responsabilidade de entrega cabe à sua equipe? Quantos Pontos de Percepção você consegue identificar e melhorar?
- Que Pontos de Percepção são citados com frequência nas reclamações de seus clientes? O que você pode fazer para melhorar a experiência dos consumidores?
- Como você pode começar a vencer desde o início? Quando é apropriado para você gerenciar as expectativas de clientes e colegas?

Capítulo 22

O GRANDE Quadro

Por que a Amazon é um sucesso? Por que suas vendas estão atingindo números recordes, com aumento de participação de mercado, e os índices de satisfação do cliente estão subindo todo ano? A Amazon é bem-sucedida porque foi a primeira a entrar no mercado? Porque oferece tantos livros em diferentes formatos? Ou porque agora vende muito mais que livros?

Ou a Amazon é um sucesso porque está disponível para você comprar de acordo com sua conveniência, a qualquer hora, do conforto de sua casa, usando seu *laptop* ou telefone? É porque você pode fazer pedidos instantaneamente com o patenteado "1-Click" ou porque a compra será entregue em uma semana, de um dia para o outro, se você preferir, ou permitirá que baixe, de imediato, uma versão digital?

Talvez a Amazon seja um sucesso porque se preocupa com o serviço, mesmo que você nunca veja seus funcionários pessoalmente ou fale com eles ao telefone. Tente devolver um item que comprou ou resolver um problema de cobrança. As mensagens escritas que você recebe serão úteis, com frequência personalizadas e sempre amigáveis.

Ou talvez a Amazon seja um sucesso porque se recorda de tantas coisas a seu respeito, recomenda novas coisas para você ler, revisar ou considerar. Ela sabe por onde você navegou, o que comprou, que cartões de crédito usa, quem estava na sua lista de presentes, os lembretes de que você precisa e até o presente que enviou no Dia das Mães do ano passado.

A Amazon é um sucesso porque a resposta a todas essas perguntas é "sim"! A Amazon sabe que servir significa criar valor. E compreende que pessoas diferentes valorizam coisas diferentes. A Amazon não está apenas vendendo produtos úteis: está proporcionando uma poderosa *experiência* de serviço carregada de *valor* para satisfazer ao cliente.

Clientes compram na Amazon por causa dos produtos, dos preços baixos, da velocidade, da conveniência, do serviço amigável, do conforto do que a memória da Amazon relembra e do prazer do que ela recomenda. Os consumidores voltam em números crescentes à Amazon pela *experiência surpreendente* de todas essas áreas combinadas. A Amazon, invariavelmente, presta um bom serviço, e seus muitos clientes apreciam "O GRANDE Quadro".

Você pode se tornar um provedor de serviço melhor e mais valorizado ao aperfeiçoar a experiência que fornece nas mesmas quatro categorias do GRANDE Quadro: seu produto principal, seus sistemas de entrega, sua atitude de serviço e seu relacionamento contínuo.

Seu Produto Primário

Todo mundo é prestador de serviço para outra pessoa. Seu Produto Primário é a principal razão que faz as pessoas o procurarem para servi-las. Por que, antes de mais nada, as pessoas o procuram? Qual é o produto primário que você fornece?

Em uma loja de varejo, é fácil ver os Produtos Primários no *site* ou na prateleira. Em uma fábrica, o Produto Primário é encontrado na qualidade das matérias-primas ou da mão de obra e do *design*. Em um restaurante, o Produto Primário são a comida e a bebida. Para um desenvolvedor de tecnologia, o Produto Primário inclui forma, função e formatos. Em um banco, são o saldo mínimo, as taxas anuais, as taxas de juros e outras cláusulas. Para um médico, é a precisão do diagnóstico e do tratamento. O Produto Primário para uma agência governamental são as políticas públicas e as regulamentações. Os Produtos Primários são muito importantes, razão pela qual são chamados primários. Mas em quase todos os casos Produtos Primários podem ser facilmente copiados.

Provedores de serviço internos também fornecem importantes Produtos Primários aos colegas. O grupo financeiro gerencia orçamentos, pagamentos e cobranças. A equipe jurídica cria contratos e acordos. O departamento de recursos humanos cuida do recrutamento, da remuneração e do desenvolvimento de carreira. A equipe de tecnologia da informação mantém os sistemas de computador em funcionamento. Esses serviços internos essenciais são os Produtos Primários desses departamentos.

Não importa o que você sirva ou venda, crie ou produza, projete, desenvolva ou entregue, seu Produto Primário será visto como avançando para cima – ou deslizando para baixo – nos Seis Níveis de Serviço. Leve em conta as próprias experiências ao experimentar um novo produto. Já ficou fascinado por uma ótima qualidade e formatos incríveis? Já ficou decepcionado por mão de obra ruim ou mau desempenho? O preço também é um traço do Produto Primário. Já desfrutou de um preço de atacado com um bônus inesperado? Já lhe foi vendida uma "barganha especial" que acabou lhe custando muito mais?

Que nível de qualidade e soma de valor você fornece com seus Produtos Primários? Você não tem de ser o maior ou o mais caro para ser bem-sucedido. Mas tem de oferecer aquilo pelo qual outra pessoa pagará. Como você pode criar mais valor nessa categoria essencial? Você pode fornecer um produto melhor, um leque mais amplo de opções, um combo melhor ou um preço mais atraente. Como provedor individual de serviço, você pode aprender e compartilhar uma escala mais ampla de conhecimento de produto.

Seus Sistemas de Entrega

Sistemas de Entrega são os processos, os métodos e as ferramentas que você utiliza para levar seus Produtos Primários àqueles que atende. Isso os ajuda a fazer uma escolha e permite que você confirme e acompanhe os pedidos, entregue e instale os itens, fature e receba os pagamentos e gerencie qualquer necessidade que possa surgir em devoluções, substituição, reparo ou reembolso. Sistemas de Entrega com valores elevados proporcionam conveniência, rapidez, flexibilidade, escolha fácil e fácil acesso.

Em um comércio de varejo, os Sistemas de Entrega incluem *sites*, localização de lojas, horário de funcionamento, exibição de mercadorias e rapidez e facilidade de realizar as operações. Em uma fábrica, os Sistemas de Entrega incluem programação de produção, processamento de pedidos, páletes, contêineres, armazéns e caminhões. Para desenvolvedores de tecnologia, os Sistemas de Entrega podem incluir distribuidores, revendedores de valor agregado, pontos de venda, lojas *on-line* e *download* automático para seus dispositivos. Em um banco, os Sistemas de Entrega estão mudando todo dia: agências, caixas eletrônicos, serviços *on-line* e *touch-and-go* móvel. Com médicos, os Sistemas de Entrega incluem clínicas, hospitais, atendimentos domiciliares (comuns no passado) e visitas virtuais (provavelmente mais proeminentes no futuro). O Sistema de Entrega usado por uma agência governamental pode estar no escritório ou no campo, no balcão, na internet e no telefone. Em um restaurante, os Sistemas de Entrega incluem cardápios, balcões, filas de bufê, *drive-thrus*, picapes e entrega em domicílio.

Os provedores de serviço internos também usam ampla variedade de Sistemas de Entrega: *e-mail*, correio de voz, chamadas telefônicas, mensagens, agendas, formulários *on-line*, painéis, relatórios impressos, folhetos, salas de conferência, espaço para reuniões e muito mais.

Os Sistemas de Entrega são importantes, criando valor que as pessoas apreciam e pagam por ele. Mas, como acontece com os Produtos Primários, outros podem facilmente copiar a maioria das melhorias nos Sistemas de Entrega. Você constrói um novo *site* ligado a um carrinho de compras, e os concorrentes rapidamente vão atrás. Se você estender o horário do fim de semana, outros também o farão. Você abre outra filial e adivinhe quem está abrindo ali ao lado. Você compra um caminhão extra, e, antes que perceba, eles já compraram dois. Adicionar valor nessa categoria é uma oportunidade e um desafio perpétuos, pois as expectativas do consumidor estão aumentando rapidamente. Os Seis Níveis de Serviço estão sempre deslizando para baixo.

Por que a distinção entre Produto Primário e Sistema de Entrega é tão essencial? Porque as pessoas recebem um tipo de valor de seus Produtos Primários e um diferente tipo de valor de seus Sistemas de Entrega. Se você quer continuar ascendendo como provedor de serviço, terá de trabalhar com ambos.

Sua Atitude de Serviço

As duas primeiras categorias do GRANDE Quadro se concentram nos produtos e nos sistemas. As duas categorias restantes dependem mais do espírito e das ações de seu pessoal. Até que ponto são importantes essas categorias "mais brandas" na *experiência* que as pessoas valorizam? Você já saiu de uma loja que tinha o que queria porque a pessoa que o atendia era rude? Algum dia você fez uma compra porque realmente gostou do vendedor, não por precisar do que ele estava vendendo?

Atitude de serviço é o modo como você encontra, cumprimenta e trata outras pessoas. É o reino da atitude e do espírito profissionais, da simpatia diante da frustração, do entusiasmo genuíno, do compromisso, do cuidado e da compaixão por outras pessoas. É um homem ou uma mulher que lhe dão toda a atenção e dizem para você não se afobar. É o médico com jeito de quem gostaria de ficar à cabeceira do doente até ele sarar; é o profissional do suporte técnico que o faz se sentir afortunado, e o colega que se mostra sempre prestativo, otimista e alegre.

Os Seis Níveis de Serviço também se aplicam aqui. Alguém com Atitude de Serviço criminosa – rude, agressivo, ofensivo. Membros da equipe rindo de clientes com problemas. Funcionários se queixando, em voz alta, de suas tarefas. Colegas fazendo promessas que não vão cumprir. Uma Atitude de Serviço básica não é muito melhor. Provedores de serviço que só se preocupam em receber o pagamento e sair mais cedo. Funcionários sem treinamento que não mostram qualquer interesse por novo aprendizado. Colegas acumulando informações que deveriam compartilhar. Uma atitude de Serviço esperada é rotineira e nada tem de especial. Provedores de serviço que dizem alô. Funcionários que dizem obrigado. Colegas dispostos a ajudar quando você tem uma dúvida.

À medida que avançamos para níveis mais elevados, o valor da Atitude de Serviço cresce. Prestadores de serviço lembram-se do seu nome e agradecem sinceramente o contato. Os funcionários respondem com prazer a todas as suas perguntas. Os colegas fazem de tudo para ajudar uns aos outros. Os líderes realmente cumprem o que dizem e demonstram paixão pelo serviço.

Qual dos Seis Níveis de Serviço você encontrou recentemente? De qual você faz parte?

Seu Relacionamento Contínuo

Um Relacionamento Contínuo inclui seus esforços para construir conexão com clientes e colegas ao longo do tempo. Isso significa se manter em contato e pensar mais a longo prazo, sendo proativo com as recomendações e atento ao acompanhamento das tarefas com *feedback*. Um Relacionamento Contínuo significa reconhecer o retorno de clientes, recompensar compradores frequentes e expressar seu agradecimento com programas de fidelidade, melhores descontos e outros incentivos.

Seu compromisso com um Relacionamento Contínuo enriquece o presente e melhora o futuro. É uma promessa confiável de servir hoje e uma proposta de continuar servindo amanhã. Clientes obtêm atendimento mais personalizado, sugestões mais relevantes e melhor seleção de produtos. Os colegas obtêm assistência mais útil para ter sucesso nos empregos, recebem educação mais adequada para crescer nas carreiras e ficam mais satisfeitos com o trabalho que fazem todos os dias.

Na esfera criminal do Relacionamento Contínuo, um prestador de serviço finge estar preocupado com seu futuro, mas só se preocupa com o próprio lucro. Um colega mente para outro. Uma empresa vende suas informações pessoais sem permissão. No nível básico, os prestadores de serviço não fazem nenhum esforço para se lembrarem de você ou examinarem seu negócio. Um colega leva todo o crédito em vez de compartilhá-lo com a equipe. No nível esperado, as empresas acompanham quem você é e o que comprou. Colegas se ajudam usando todos os meios e métodos normais. No nível desejado, você desfruta de um programa de associação ou de um cupom para a próxima compra. Prestadores de serviço perguntam se está satisfeito com o que comprou. Colegas fazem esforço extra para se ajudarem mutuamente quando for realmente necessário – no final do mês, em um novo lançamento de produto ou em uma importante recuperação de serviço. Nos níveis mais altos do Relacionamento Contínuo estão pessoas profundamente comprometidas com sua satisfação e seu sucesso. Os colegas ficam tão interessados em suas conquistas quanto nas deles. Empresas vão encaminhá-lo a outro lugar se a oferta de um concorrente servi-lo melhor.

O valor de que você desfruta na categoria Relacionamento Contínuo não dever ser dado como certo. Muitas pessoas o atenderão e venderão a você durante a vida. Mas algumas cultivarão um contato contínuo e o farão repetir várias transações. São esses os provedores de serviço que você quer manter e o tipo de provedor que pretende ser.

Subindo a Escada da Fidelidade

Por que a Amazon tem sucesso? Porque está criando mais valor para você em todas as categorias do GRANDE Quadro. Sua gama de produtos não para de aumentar, sua loja *on-line* está sempre melhorando e a compreensão que ela tem de você e de seus interesses não para de crescer. E, embora não possa fornecer a mesma atenção cara a cara da Singapore Airlines, da Nordstrom ou do Ritz-Carlton Hotel, a Amazon demonstra atitude de acolhimento e agradecimento aos clientes.

Esse compromisso persistente em lhe passar acréscimo de valor resulta em sólidos resultados de negócios: volumes crescentes, aumento da participação de mercado e pontuações recordes de serviço, satisfação e fidelidade do cliente.

Fidelidade é um prêmio especial em qualquer relacionamento. É um assunto quente quando se trata de clientes, mas é igualmente importante quando atrai, gerencia e retém ótimos funcionários. E a fidelidade também resulta em benefícios substanciais com aliados e parceiros de negócios: investidores, atacadistas, fornecedores, distribuidores e revendedores.

Pessoas diferentes valorizam coisas diferentes, mas todas valorizam as mesmas quatro categorias do GRANDE Quadro. Para fazer alguém subir a Escada da Fidelidade, as mesmas regras da fidelidade se aplicam. Todos querem valor justo para seu investimento de tempo e dinheiro. As pessoas querem obter o que solicitaram ou acham que merecem. Todas querem se sentir bem-vindas. Todas querem ser reconhecidas, apreciadas e recompensadas.

Movendo todas essas regras para cima, a Escada da Fidelidade faz sentido, pois qualquer um pode influenciar a percepção que as pessoas têm de você e de sua organização. Qualquer um pode trombetear alguma coisa dos cumes da defesa de direitos ou se tornar um adversário terrível da noite para o dia. Vamos analisar isso mais de perto.

Adversário: No que diz respeito à lealdade, os adversários são leais à busca de seu desaparecimento. São ex-funcionários ou funcionários atuais que são forças tóxicas a outros funcionários. Espalham rumores negativos sobre condições de trabalho, sobre outras pessoas da organização ou mesmo sobre serviços e produtos. Seus adversários também podem ser clientes que sentem que sofreram genuína injustiça. Reclamam em voz alta e publicamente, postam informações negativas sobre você *on-line* e procuram ativamente prejudicar sua reputação e seu negócio. Funcionários e clientes adversários darão grande apoio à concorrência, pelo simples fato de serem concorrentes. A recuperação desse grupo vale o dispêndio de energia, tempo e investimento? Quais são os custos de não fazer nada?

Desertor: Os desertores concederam sua lealdade a outra pessoa. Podem ser clientes que um dia já elogiaram seu serviço, mas desde então mudaram, ou podem ser funcionários que partiram e descobriram maior valor em outro lugar. Desertores não dizem necessariamente coisas negativas sobre você, mas promovem a concorrência diante de quem perguntar. Esse é o grupo onde uma boa recuperação pode transformar os antigos fãs em atuais pregadores em seu favor. Consulte o Capítulo 16 sobre Recuperação de Serviço e Garantias. Vale a pena cortejar e trazer de volta os desertores. Faça um esforço e ponha a bola para *quicar!*

Neutro: Os neutros não são leais a ninguém. Podem ser funcionários que já gostaram muito de trabalhar para você, e ainda podem trabalhar para você, mas vão embora se receberem uma oferta melhor. Como esse grupo é neutro, você pode, muitas vezes, convencê-los, a subir a Escada da Fidelidade com um pouquinho de valor adicional. A chave é descobrir que pequena porção de valor adicional você poderia oferecer sem desperdiçar recursos. E isso significa prestar mais atenção a esse grupo, passando a conhecê-lo melhor, compreendendo o que ele aprecia em cada categoria do GRANDE Quadro.

Apoiador: Apoiadores gostam de fazer negócios com você, internos ou externos. Promoverão seu negócio se alguém perguntar. Funcionários dirão que é um grande lugar para trabalhar. Clientes vão indicá-lo – se forem perguntados – a membros da família, amigos e conhecidos de negócios. Esse grupo está apenas a um passo de promovê-lo ativamente e pode ser convertido com facilidade ao genuíno *status* de embaixador. Mas fazer com que dê esse passo significa que você também deve avançar.

Embaixador: Embaixadores são seus evangelistas, seus leais defensores e trompetistas. São os funcionários que contam a outros quanto amam o trabalho e convidam os melhores entre eles a ingressarem em sua organização. São os clientes que amam você e o que representa. Dão *feedback* quando você está errado e o defendem quando está certo. Vão promovê-lo para estranhos, que vão se aproximar como bons amigos. Os embaixadores avançarão muitos quilômetros extras para ajudá-lo a crescer e prosperar. E até onde você vai para apreciá--los e valorizá-los?

Em qualquer degrau da Escada da Fidelidade, o próximo passo para cima vem de criar maior valor em pelo menos uma das quatro categorias do GRANDE Quadro. O próximo passo ascendente sempre requer ação. Em uma cultura da excelência em serviço, a responsabilidade por tomar essa atitude pertence a cada líder e a cada provedor de serviço.

Perguntas para Provedores de Serviço

- Qual é o próximo passo para melhorar seu conhecimento do produto?
- Como você pode demonstrar Atitude de Serviço ainda melhor?
- Como você pode prestar seu serviço da maneira mais conveniente ou rápida?
- O que você pode fazer para construir melhor Relacionamento Contínuo com clientes e colegas?

Perguntas para Líderes de Serviço

- Em cada categoria do GRANDE Quadro, onde você está agora nos Seis Níveis de Serviço? O que dizem os membros de sua equipe? O que dizem os clientes?
- Que percentagem de clientes e membros da equipe estão em cada degrau da Escada da Fidelidade? Que grupos você mais deseja ver subindo a escada? Que novas iniciativas vão criar esse valor de excelência?

Capítulo 23

Construindo Parcerias de Serviço

Qual é a diferença entre completar um projeto, ter um emprego e desenvolver a carreira em uma organização bem-sucedida? Qual é a diferença entre trocar dinheiro de uma moeda para outra, obter um financiamento de trinta anos para sua casa e consolidar suas contas de investimento, poupança e crédito em uma única instituição financeira? Qual é a diferença entre ir a um encontro, sair com a mesma pessoa por vários anos e criar uma família unida para o resto da vida?

Esses três exemplos têm mais em comum do que se pode imaginar. Em cada um deles, a primeira situação é uma transação com começo, meio e fim: completar um projeto, trocar dinheiro e ir a um encontro. Você pode, ou não, voltar novamente.

O segundo conjunto de situações é de longo prazo. Esses relacionamentos são consistentes ao longo do tempo: um emprego, um financiamento, um namorado firme. Transações e relacionamentos são diferentes. Comprar um carro é uma transação. Utilizá-lo para excursões regularmente programadas para o mesmo local é um relacionamento. Instalar equipamentos é uma transação de serviço. Um contrato para manutenção ou suprimentos regulares é um relacionamento repetitivo.

O terceiro conjunto de situações são poderosas parcerias de serviço, que ficam mais importantes e benéficas com o passar do tempo. Em uma parceria poderosa, ambas as partes criam e recebem maior valor. Consolidar sua vida financeira em um lugar é mais conveniente para você. Ter uma parcela maior de sua carteira é mais valioso para uma instituição financeira. Desenvolver sua carreira com uma grande empresa pode ser um caminho para grandes conquistas. Manter ótimos funcionários é essencial para toda organização gigante. E que tal criar uma família ou viver com alguém pelo resto da vida? Isso é uma parceria a um nível muito pessoal, e ambas as partes devem investir para mantê-la crescendo.

Primeiro Você Semeia, Depois Colhe

O segredo de toda parceria bem-sucedida é ambos os lados darem e receberem mais valor. Isso se aplica a clientes, colegas, casais e carreiras. Mas há um porém. O valor que você quer deve vir de outra pessoa, e o valor que ela quer deve vir de você. Quem sai, então, primeiro?

Algumas empresas dizem: "Se você se tornar um cliente melhor, nós lhe daremos um serviço melhor". Outras lhe dão primeiro um serviço melhor ,e você as recompensa com um volume maior de seu negócio. Alguns funcionários dizem: "Me deem aumento e assumo mais responsabilidade". Mas grandes promoções no trabalho raramente acontecem dessa maneira. A pessoa que acelera o ritmo e assume responsabilidade ganha aumento e reconhecimento.

Em uma parceria bem-sucedida, cada parte está contando com a outra para ter êxito. Cada lado *quer* que o outro lado vença. Sua realização contribui para o sucesso da outra parte. Uma parceria de serviço poderosa é *ganhar ou ganhar* com força máxima.

Como você continua dando mais do que alguém aprecia ou valoriza? Isso pode ser difícil porque as expectativas aumentam, e os interesses das pessoas se alteram. O que funcionava no passado pode não ser necessário ou até mesmo desejado no futuro.

O Ciclo da Melhoria de Serviço

O Ciclo da Melhoria de Serviço é um método comprovado de descobrir e entregar níveis mais altos de serviço. É a poderosa técnica por trás de toda bem conhecida marca de serviço. O Ciclo da Melhoria de Serviço funciona em todas as indústrias, culturas e países ao redor do mundo. Funciona para melhorar os negócios, os governos e as comunidades. Funciona quando aplicado a situações de serviço internas e externas. O Ciclo da Melhoria de Serviço também funciona em relações pessoais. Você pode usar essa ferramenta essencial para construir parcerias mais fortes em cada área de sua vida.

O Ciclo da Melhoria de Serviço é uma série de quatro conversas conectadas. Cada conversa requer um diferente tipo de diálogo e outro nível de compromisso.

Cada estágio oferece oportunidades únicas para você aprofundar sua parceria com outras pessoas. Você pode se diferenciar da concorrência em qualquer um dos quatro quadrantes ou ter bom desempenho em todos eles para se distinguir como extraordinário provedor de serviço. Vamos examinar cada estágio desse ciclo estudando mais detidamente a Amazon.

Explore para Chegar a Mais

Visite Amazon.com e digite qualquer tópico de sua escolha na caixa de pesquisa. A Amazon abre, de imediato, uma janela listando livros, filmes, música e outros produtos relacionados ao tópico, para que você explore esse mundo.

Escolha qualquer livro, e a Amazon o levará a explorar de novo. Dê uma olhada no livro. Quantas pessoas o avaliaram? Quanto ele custa? Quanto tempo levará para você obter uma cópia? Role para baixo, e a exploração continuará. Pessoas que compraram esse livro muitas vezes também compraram outros ou mudaram de ideia e compraram um livro diferente. Quer saber mais sobre essas opções? Basta clicar. Continua interessado no livro original? Continue rolando para explorar informações ainda mais úteis. Quem o escreveu? Quem o publicou? De que tamanho é? O que outros leitores têm a dizer sobre isso? Você consegue até mesmo explorar o contexto dos leitores que escreveram os comentários.

Toda essa exploração tem tremendo valor para você como cliente. E o tempo que passou explorando agrega também valor à Amazon. O tempo que você gasta em cada tela e os cliques dados em cada imagem ajudam a empresa a descobrir em que pessoas como você estão interessadas, para onde são atraídas e estão dispostas a gastar seu precioso tempo explorando. Se você é um visitante frequente ou um cliente com uma conta, o valor da Amazon é ainda maior. Agora ela sabe exatamente em que você está interessado neste momento, o que pode ser comparado com o que explorou no *site* no passado.

Essa informação preciosa ajuda a Amazon a proporcionar valor ainda maior em seu próximo momento de exploração. Suponha que você comprou na Amazon um livro sobre caminhada e agora está procurando livros e filmes sobre viagens à Itália. Antes que perceba, livros sobre caminhadas nos Alpes italianos estarão entre as escolhas em sua tela.

Explorar significa fazer perguntas com a mente aberta e ouvir cuidadosamente as respostas. É assim que ganhamos consciência e apreço pelos interesses de outra pessoa. Esse é o domínio da descoberta, onde novas possibilidades são inventadas e reveladas.

Um exemplo é um consultor financeiro que ouve você cuidadosamente e trabalha com uma lista excelente de questões para compreender melhor seus sonhos, seus medos, suas preferências, suas experiências passadas e sua situação atual. Esse mesmo consultor faz um trabalho igualmente excelente ajudando você a entender o que ele faz, a quem serve e o que representa e recomenda. Outro exemplo é um fornecedor que quer compreender melhor seu negócio e como pode ajudar você a trazer mais valor a seus clientes. Esse mesmo fornecedor compartilha com você uma perspectiva externa, informações do setor e estudos de caso de melhores práticas que talvez você nunca tenha visto. Um exemplo pessoal é o verdadeiro amigo que quer saber o que tem acontecido em sua vida – onde você esteve e para onde está indo – e compartilha o mesmo sobre si mesmo com você.

Explorar significa aprender o que outras pessoas querem e precisam, o que esperam e ficariam encantadas em experimentar. Quais são seus objetivos? O que seria um grande sucesso? O que seria uma conquista incrível?

Explore meios de descobrir com o que outras pessoas se preocupam, o que temem e o que procuram prevenir, proteger ou evitar. Quanto mais compreendemos o que torna as pessoas ansiosas, mais conseguimos servi-las. São as possibilidades desvantajosas na vida. Um parceiro de excelência em serviço as explora igualmente.

Em uma parceria poderosa, você também quer que outras pessoas o compreendam. Isso significa compartilhar sua história, suas capacidades, sua equipe, seus recursos e a si mesmo. O que você quer cumprir? Como podem clientes, colegas e empresas fazer uma valiosa contribuição para o seu futuro?

Infelizmente, muitas pessoas exploram o terreno de modo um tanto precário. Só ouvem quando alguém bate na mesa ou pede atenção. Então, levantam a voz, num esforço para serem ouvidas, em vez prestarem atenção para compreenderem e esperarem, com paciência, os momentos certos para falar. Só querem ouvir o mínimo de que precisam para dar o próximo passo. Essas pessoas são os receptores de pedidos que se preocupam mais com quanto você compra e menos com o que busca alcançar.

Você investiga bem? Talvez não esteja realmente ouvindo nem se importando de verdade e não vai demorar a esquecer o que outras pessoas lhe dizem. Será que não está fazendo as mesmas perguntas antigas e seguindo o padrão da indústria? Ou será que está criando valor na maneira como se envolve e na qualidade da descoberta que cria com outras pessoas? Uma exploração do terreno em níveis mais elevados requer mais curiosidade em ambas as direções e mais preocupação com o sucesso dos outros.

Você Conhece Bem seus Clientes?

Muitas pessoas pensam que sabem quem são seus clientes, mas têm apenas, no máximo, compreensão rasa. Você compreende o negócio de seus clientes, o que eles fazem e como trabalham? Sabe como medem seu sucesso? Conhece as tendências, as mudanças e as principais questões da indústria deles? Compreende a clientela de seus clientes e percebe como as expectativas estão mudando? Conhece a história deles, seus desafios, suas conquistas e seu próximo e grande objetivo? Compreende a concorrência que eles enfrentam e que empresas têm reputação melhor, mais participações nos lucros ou margens de lucro mais altas? Sabe quem é quem nas empresas, quais são as pessoas em posição de poder e como ajudar aquelas que você conhece a serem bem-sucedidas? Sabe o que seus clientes pensam sobre sua organização, seu pessoal e você? Será, por fim, que compreende suficientemente bem seus clientes para se colocar à parte e acima da concorrência que eles sofrem? Se esse é seu objetivo, então comece agora uma investigação melhor, antes que a concorrência chegue antes de você.

Chegando a um Acordo

Investigar é o início, mas compreender um ao outro não basta. Você deve confirmar as próximas ações a serem tomadas. O quadrante "Fazer Acordo" é onde os parceiros fazem promessas claras entre si sobre os termos de seu relacionamento: exatamente o que darão e farão um pelo outro. Fazer acordo não significa "dizer sim" a qualquer coisa que alguém peça ou deseje. Significa "criar o sim", trabalhando em conjunto e chegando a um consenso que funcione para ambas as partes.

Suponha que escolheu o título do livro que quer na Amazon. Vai pedir o de capa dura, o de brochura ou a versão digital do Kindle? Se você escolher a edição em capa dura, onde quer que o livro seja entregue? Se pediu mais de um exemplar, quer que eles sejam entregues juntos ou despachados assim que cada um deles estiver disponível? Como gostaria de pagar pela compra? Com PayPal, vale-presente, cupom ou crédito existente? Com cartão de crédito já cadastrado, novo cartão que você quer cadastrar agora ou cartão Amazon que você pode solicitar no local?

Quando você vai para a finalização da compra, a Amazon mantém o valor, confirmando claramente todas as suas opções: itens, preços, endereço de entrega, forma de pagamento, escolha e custo do frete, embalagem para presente e sua mensagem. De repente, você pensou em outro item ou em uma mensagem diferente que quer ver incluída no cartão? Apenas volte pouco tempo após a compra e poderá facilmente mudar alguma coisa no pedido.

Infelizmente, muitas empresas e indivíduos lidam com essa etapa do acordo de forma um tanto precária, encarando-a como mero conjunto de detalhes técnicos de um acordo de serviço. São rígidos e inflexíveis, o que lhes valeu a reputação de serem burocráticos e pouco dispostos a fornecer alternativas. Podem prometer a lua, mas não documentam, com clareza, o que prometem e entregam um produto bem abaixo das expectativas. Isso é lamentável, pois a confusão nessa etapa de Acordo do ciclo leva à decepção nos estágios que vêm a seguir. Sempre que você ouvir "mas achei que vocês tinham dito...", isso significa que alguém fez um trabalho precário e não conseguiu que houvesse clareza no acordo que tentou estabelecer com o cliente.

Outros provedores de serviço ganham reputação positiva nessa fase do atendimento por ser fácil negociar com eles, por oferecerem alternativas, conveniência e rapidez. Confirmam seus compromissos com notas escritas e por meio de documentação completa e precisa.

O quadrante Acordo é rico em oportunidades para você avançar em seu serviço. Você pode oferecer mais flexibilidade ou uma gama mais ampla de opções? Pode simplificar os contratos ou explicar os termos de modo mais concreto? Pode fazer promessas de maneira precisa, abrangente ou clara?

Uma Divertida Revisão da Norma

A maioria dos funcionários da linha de frente são ensinados a seguir normas e procedimentos. Eles podem hesitar em quebrar as regras para melhorar o atendimento, mas algumas regras deveriam ser quebradas, alteradas ou, pelo menos, seriamente contornadas, de vez em quando. Se os clientes se queixam de normas rígidas e equipe robótica, podemos fazer uma alteração e a diferença com uma divertida revisão da norma.

Reúna sua equipe e crie um clima de diversão. Envie um convite com um desenho de história em quadrinhos, ponha uma placa engraçada na sala, use chapéus de festa ou aproveite um pequeno vídeo da excelente atuação de um humorista. Então, mantendo um clima de humor leve e fácil, compartilhe uma lista de suas normas e procedimentos atuais enquanto faz três perguntas básicas:

- Do que menos você gosta nessa norma ou procedimento?
- O que nossos clientes consideram mais difícil ou problemático?
- Como você mudaria essa norma se pudesse alterá-la?

Após a reunião, mude o que puder para melhorar a experiência dos clientes e de sua equipe. Se uma norma não puder ser alterada (e talvez haja boas razões para não fazê-lo), faça um esforço extra para explicar mais claramente as razões.

O Caso Especial do "E Se"

Os estágios da Exploração e do Acordo oferecem oportunidade única de avançar em seu serviço, antecipando o que pode dar errado e colocando em vigor planos de contingência. Mas muitos provedores de serviço, em especial os que trabalham com vendas, costumam, rotineiramente, ignorar essa oportunidade. A última coisa que a maioria do pessoal de vendas quer fazer é discutir problemas potenciais quando um negócio está prestes a ser fechado. Mas, ao levantar a questão embaraçosa "e se?", um provedor de serviço pode, na realidade, promover mais confiança por parte do cliente e tornar mais intensa sua satisfação suprema.

Você já deve ter ouvido a expressão "apagando incêndios" no trabalho. Isso significa que algo inesperado aconteceu, e que agora as pessoas estão correndo de um lado para o outro, com muita pressa e perda de tempo, para apagar o fogo. Seja você cliente ou provedor de serviço, apagar o fogo raramente é uma situação agradável. Ao perguntar "e se?"e investigar e fazer acordos com antecedência, podemos afastar o risco desses focos de incêndio antes mesmo que eles comecem.

Imagine ser encarregado de organizar um evento anual da empresa em que serão homenageados os melhores prestadores de serviços, e muitos dos clientes mais importantes estarão presentes. Você se encontra com os representantes de dois hotéis cinco estrelas para discutir suas necessidades. Ambos oferecem menu semelhante, reunião à beira da piscina antes do jantar, decorações comparáveis e preço quase idêntico. O representante do primeiro hotel lhe mostra as instalações, responde às suas perguntas e lhe passa uma proposta. "Tenho certeza de que seu evento será um grande sucesso e esperamos que nos escolha", diz o primeiro representante. A representante do segundo hotel diz e faz exatamente a mesma coisa. Mas quando você está prestes a sair ela pergunta: "Posso lhe falar sobre mais uma coisa antes que se vá?". Você fica espantado com a pergunta de última hora e curioso para saber o que a mulher tem na cabeça. Ela continua: "A reunião na piscina antes do jantar é uma grande ideia, e tenho certeza de que seus convidados vão gostar muito dela. É um tanto improvável que chova nessa época do ano, mas, se acontecer, posso lhe falar por um momento para explicar nossos planos?". Agora você balança a cabeça, interessado.

"Sempre vemos cuidadosamente a previsão do tempo antes de um evento importante como o seu", diz ela. "Se chover, transferiremos sua reunião para o saguão do salão de festas. Chuva também significa que seus convidados vão chegar um pouco atrasados, e trabalharemos com a previsão de um extra de 15 minutos de atraso. Vamos cuidar disso com a cozinha e os servidores do banquete, para que você não tenha de se preocupar. E forneceremos aos convidados estacionamento com manobrista, como modo de fazer com que se sintam bem, mesmo que o tempo não esteja tão bom." Ela sorri e conclui com: "Não acho que vai chover, mas achei que se sentiria mais confortável sabendo de nossos planos para a eventualidade. Não lhe parecem bons?".

Alguma dúvida sobre o hotel que você vai escolher? O outro pode ter exatamente os mesmos planos para o caso de chuva, mas, se o representante não achou necessário lhe falar sobre eles, aquele algo a mais não pôde ser criado. E aqui temos um bônus inesperado: mesmo que não chova, sua confiança no provedor de serviço que tocou no assunto não deixará de crescer. Por quê? Porque ele levantou as possibilidades de imprevisto e fez um acordo com você, com uma solução da excelência de serviço extra.

Você aborda o que pode dar errado com clientes e colegas? Dedica algum tempo para discutir alternativas, fazer planos de contingência e de apoio em caso de necessidade? Ou está apostando que tudo vai dar certo e você não terá de apagar nenhum incêndio?

Entregando Excelência em Serviço

A etapa da Entrega é onde você honra as promessas que fez e cumpre as condições acordadas. Ou em que você pode avançar o quilômetro extra, fornecendo um nível de serviço impressionante. Prometeu uma rápida

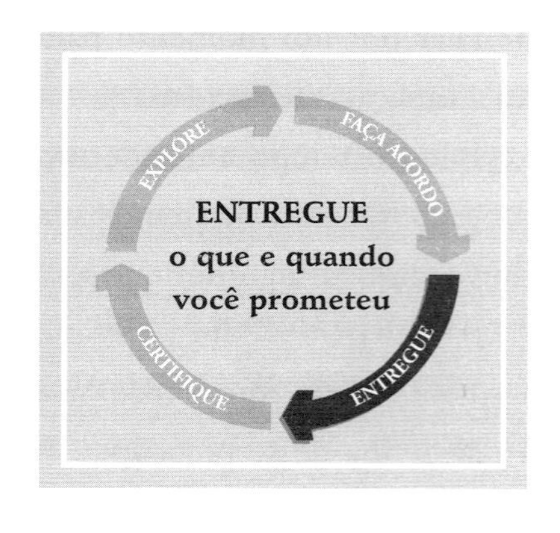

semana de entrega a alguém que tinha pressa? Ligue três dias depois para informar ao cliente que o trabalho está pronto. Consta na garantia certo nível de potência ou *performance*? Cumpra a garantia acrescida de 10% – não entregue menos que isso. Dispôs-se a fornecer suporte prático? Esteja lá para dar apoio ao cliente com muito mais frequência do que ele esperava.

Neste quadrante, há uma oportunidade inesperada à espreita no fenômeno de pessoas correndo atrás de outras pessoas. Você já correu atrás de seus colegas ou provedores de serviço em busca de atualizações ou informações? Outras pessoas já tiveram de correr atrás de você para obter uma informação pessoal ou relatórios? Uns correndo atrás dos outros com chamadas de telefone e mensagens é muito comum, mas não é muito bem-aceito por nenhuma das partes. Para a pessoa que está sendo perseguida, pode ser um aborrecimento ou um incômodo. Para a que está perseguindo, a informação que está procurando já chega mais tarde que o esperado, razão por que isso é chamado "correr atrás". Você pode prestar um serviço de excelência informando aos outros com antecedência, em vez de esperar que eles corram atrás.

Envie um pacote por qualquer uma das grandes transportadoras, e a primeira coisa que farão é escanear o código de barras. Desse momento até o instante em que seu pacote é entregue, você pode rastrear facilmente o progresso da entrega pelo *site* ou receber atualizações por telefone ou *e-mail*. Você pode sempre saber onde está seu pacote, onde estava, quando saiu para entrega e para onde está indo. Muitos clientes valorizam essa informação pela paz mental que ela proporciona, embora isso não afete o tempo ou a data de entrega.

Quando as coisas não dão certo, fornecer informações proativas representa um valor de serviço ainda maior. Quando os voos da Singapore Airlines sofrem atrasos no último minuto por causa do controle de tráfego aéreo ou por problemas técnicos, os passageiros já podem estar no portão de embarque ou no avião. Do início ao fim dessas situações inesperadas, a companhia mantém os passageiros bem informados. A intervalos regulares, um representante da companhia fornece a última atualização e assegura que uma nova atualização será fornecida num determinado prazo. Mesmo que nada se altere e não haja qualquer nova informação disponível, o representante da companhia aérea se comunica de acordo com o cronograma. Essa comunicação confiável indica que os passageiros nunca ficam ansiosos ou desinformados. Na realidade, essa simples tática durante atrasos de voos tem se tornado fonte constante de elogios.

A comunicação proativa é apreciada, mesmo que não melhore nem altere uma situação. Mas comunicação proativa não significa ligar para alguém repetidamente ou enviar a ele mensagens sem parar. Isso pode ser irritante. Algumas pessoas gostarão de ter um relatório diário; outras, um resumo semanal. Algumas querem ser notificadas cada vez que um marco é alcançado; outras, só quando um marco é perdido. Algumas preferem atualizações por *e-mail*; outras, por telefone ou texto. Algumas querem ouvir de você pessoalmente; outras querem que você entre em contato com os assistentes delas, a não ser que a situação seja inesperada ou muito singular.

Com tantas variáveis, como você pode descobrir a quantidade certa de informações proativas a entregar em que momento e através de que meio de comunicação? Aplique as lições deste capítulo. Primeiro, investigue as situações que podem surgir, os horários, as pessoas e as opções para entrar em contato. Segundo, considere quando a comunicação deve ser proativa, que detalhes serão incluídos e a que data, hora e tecnologias você recorrerá. Terceiro, passe a informação que você prometeu. Entre em contato antes que alguém venha atrás de você. Seja provedor da excelência em serviço mantendo clientes e colegas atualizados.

A Certificação Fecha o Circuito

A quarta etapa do Ciclo de Melhoria de Serviço é Certificar – acompanhar e verificar a satisfação, garantindo que o acordo e a entrega feitos foram plenamente reconhecidos e efetivos.

Tudo pode ser melhorado, incluindo a comunicação proativa. O que foi apropriado num momento pode já não ser o que outra pessoa aprecia ou deseja. Por exemplo, o cliente pode ter pedido uma atualização toda terça-feira e valorizou a comunicação semanal. Mas depois de certo tempo a mensagem semanal tornou-se um incômodo. Ele passaria a preferir um resumo mensal, com um relatório semanal para a assistente. Mas como você saberia disso sem ele lhe dizer? E quando ele ia dizer se você não perguntasse? Você aprenderá sobre essa mudança nas expectativas e muito mais quando avançar e certificar. Imagine o que pode aprender perguntando: "As ações que tomamos ainda resolvem suas preocupações? O serviço que prestamos lhe oferece o extra de que você precisa? O acordo que fizemos continua sendo o melhor para sua situação atual?".

Algumas pessoas não se dão bem com o quadrante Certificar. Dizem: "Se tiver um problema, me ligue". E depois esperam que você não ligue e pensam: "Nenhuma notícia é uma boa notícia". Mas nenhuma notícia é má notícia no negócio de serviço, porque um cliente satisfeito que nunca diz a você como está satisfeito pode ser roubado pela concorrência e, com frequência, um cliente infeliz não se queixará com você, mas com muitas outras pessoas.

Fazendo a Pergunta Decisiva

A pergunta decisiva no quadrante Certificar fecha o ciclo e inicia mais um ciclo de sucesso. Esta frase poderosa conecta o fim de uma experiência de serviço ao início de outra: "Existe algo que podemos fazer diferente, da próxima vez, para tornar nosso serviço melhor ou mais valioso para você?".

A pergunta diz aos clientes que você está olhando para o futuro, procurando melhorar, e está grato pelo *feedback* que recebe. Mostra que está comprometido em tomar medidas que melhorem ou aumentem a satisfação deles. Isso é revigorante para os clientes e pode ser vital para o seu negócio. Uma pergunta como essa abrirá o diálogo para maior produtividade entre departamentos, melhor colaboração nas equipes e ainda uma ligação mais próxima com os familiares.

Na próxima vez que você concluir um trabalho, terminar um projeto ou pensar que sua entrega está concluída, não espere pela próxima oportunidade. Inicie a conversa para atender melhor e tornar seu negócio mais forte. Alguns acham que é tarefa da outra pessoa dizer a você se as necessidades dela se alteraram. Mas essa é a diferença entre uma transação, um relacionamento e uma parceria que está crescendo. Em uma parceria poderosa, você não se satisfaz com o fato de seu parceiro estar contente. Quer saber o que mais pode fazer com ele e como pode melhorar.

Cada Ciclo Completo Gera Confiança

Cada vez que você completa um ciclo de Explorar, Fazer um Acordo, Entregar e Certificar, mais confiança se desenvolve entre você e as outras pessoas de seu negócio, sua comunidade e sua vida pessoal. Descubra com o que os outros se importam ou querem fazer acontecer na vida. Explore. Prometa agir em nome deles. Seja responsável por algum aspecto do bem-estar deles. Faça um acordo. Depois cumpra o que prometeu fazer e continue em contato durante o processo. Entregue. Por fim, dê continuidade e vá até o fim para se certificar de que estão plenamente satisfeitos com suas ações. Certifique.

Muitas vezes, a construção da confiança começa com pequenas promessas, menos exposição e menor risco. Um cliente pede pouca coisa antes de aumentar o volume de compras e compra mais algumas vezes antes de considerá-lo o único fornecedor. Um empregador distribui primeiro projetos menores, descobrindo quem dá conta deles, e depois, com o tempo, aumenta a importância dos projetos e dos orçamentos.

Isso faz sentido nos negócios, mas também se aplica à vida pessoal, social e comunitária. Construir relações de confiança com outras pessoas é o resultado da excelência em serviço. É a cola de que precisamos em nossas parcerias hoje e naquelas que criamos para o futuro.

Mantenha o Fogo Aceso

Era tarde. Todd Nordstrom estava sentado na sala de reuniões do meu escritório, olhando pela janela, comendo uma maçã. Achei que estava relaxando para seu voo, no início da manhã seguinte, partindo de Singapura e o levando de volta à América.

"O que acontece quando já não são novos?", ele perguntou.

"Como assim?", respondi.

Ele deu outra mordida na maçã e ergueu o dedo indicador, como se quisesse sinalizar que precisava de um segundo para engolir.

"Como empresas como o Marina Bay Sands, a NTUC Income e o Aeroporto Changi conservam o entusiasmo após estarem maduras?", Todd perguntou. "Ele tem de diminuir, certo?"

Empurrei minha cadeira para trás, afastando-a da mesa. "O entusiasmo pode ser perdido com o tempo", disse eu. "Mas isso normalmente não acontece se as pessoas compreendem, de fato, as razões da excelência em serviço."

"O que está querendo dizer?", Todd perguntou.

Ri e lembrei a ele de suas visitas. "Você não viu como as pessoas ficam felizes ao prestar um serviço de excelência?"

Todd deu outra mordida na maçã quando sorriu. Depois deu um giro – quase infantil – com a cadeira. O sorriso cresceu quando começou a engolir a maçã.

"Quando foi a última vez que você fez algo especial para sua esposa ou um de seus filhos?", perguntei. "Você sabe, um daqueles momentos em que eles têm uma surpresa, e você não fica menos animado ao ver a expressão no rosto deles?"

"Espero um sorriso deles com os presentes que vou levar desta viagem", disse ele. "Comprei um sarongue para minha filha. Ela vai poder se vestir como alguém da tripulação da Singapore Airlines. E para meu filho comprei uma bola de *sepak takraw**. Ele vai ficar espantado ao ver o *ratã*, uma versão do saquinho de feijão que ele chuta com os amigos. "Para a minha esposa... eu não sabia muito bem o que ia comprar." A voz sumiu e, sem dúvida, ele estava pensando na família em casa. "Andei lhe enviando fotos e comprei para ela uma daquelas belas orquídeas folheadas a ouro, mas que parecem pequenas demais comparadas à experiência de visitar este lugar."

"A recompensa para você está no serviço", eu disse. "Mas você tem de continuar dando o próximo passo. Tem de manter esse fogo do serviço queimando intensamente."

---

* Esporte originário do sudeste asiático, misto de futebol, vôlei e artes marciais, hoje praticado em vários pontos do mundo, inclusive no Brasil. A bola do jogo é feita de uma espécie de bambu chamado *ratã*. (N. do T.)

Ele concordou.

"Por que não traz sua esposa na próxima visita a Singapura, Todd?, sugeri.

Seus olhos se arregalaram quando a ideia o pegou de surpresa, e ele abanou a cabeça quando ela se tornou realista. "Estamos pensando em viajar os dois e temos falado em visitar a Ásia. Mas ainda não chegamos a um acordo sobre quando e aonde ir." Então ele se recostou na cadeira e sorriu. Estava pensando no futuro com a esposa, já imaginando a próxima conversa.

Perguntas para Provedores de Serviço

- Você conseguirá o que deseja ajudando outras pessoas a conseguirem o que querem. O que você pode fazer para fornecer um serviço melhor aos seus clientes? O que pode fazer para ser um parceiro melhor para os colegas? Como pode criar mais valor para sua organização?

Perguntas para Líderes de Serviço

- Aplique os Seis Níveis de Serviço ao Ciclo de Melhoria no Serviço. Até que ponto sua organização está bem atualmente para Explorar, Fazer Acordo, Entregar e Certificar?
- Como você pode construir parcerias mais poderosas e valiosas com clientes, fornecedores, funcionários e comunidade?

CAPÍTULO 24

Assumindo Responsabilidade Pessoal

Imagine que você está no trabalho e algo inesperado dá errado. O cliente está frustrado, e há irritação entre os colegas. O chefe está perturbado, e você, ansioso. Você já está atrasado em outro projeto, e não é clara, neste caso, a norma a ser seguida. A situação é desconfortável.

Você consegue sentir a pressão e o estresse e ouvir as vozes se elevando? Agora, preencha os espaços em branco com o que primeiro lhe vier à mente.

Não é minha ____________.
Não tenho ____________.
Nossa norma não ____________.
Sinto muito, mas ____________.

Se você for como muita gente, pode ter se imaginado preenchendo da seguinte maneira os espaços em branco:

Não é minha *culpa.*
Não tenho *tempo para consertar isso.*

Nossa norma não *é clara.*

Sinto muito, mas *não posso fazer nada agora.*

Quando as coisas dão errado, é sempre possível apontar o dedo, arranjar desculpas ou se sentir mal com o problema. Essas reações são comuns. E ganham destaque na mídia todos os dias, por meio de acusações, alegações, vereditos e histórias de vergonha, culpa e vitimização.

Mas no mundo da excelência em serviço culpar outras pessoas não ajuda. Sentir-se mal pelo que deu errado não melhora nada. Encontrar desculpas e justificativas não altera o que houve.

Campeões da Excelência em Serviço

Campeões da Excelência em Serviço escolhem uma abordagem diferente, assumindo responsabilidade por situações difíceis – e agindo para melhorá-las. Resolvem problemas que surgem todos os dias e depois procuram mais problemas para resolver. Quando um cliente está insatisfeito, eles dizem: "Vou resolver isso para você". Se um projeto está atrasado, assumem o encargo de fazê-lo andar. Em vez de culpar ou envergonhar colegas inativos, eles os empoderam e os inspiram a passarem à ação. Campeões da Excelência em Serviço não culpam as circunstâncias; procuram dar passos à frente. Não estão dispostos a permanecerem na posição de vítima. Criam, a cada dia, perspectivas capacitadoras e experiências positivas.

Campeões de Serviço preenchem as lacunas com respostas nitidamente diferentes:

Não é *meu estilo culpar outras pessoas.*

Não tenho *tempo para discutir o passado. Estou criando o futuro.*

Nossa norma não *vai me impedir de corrigir isso.*

Sinto muito, *mas resolveremos esse problema para você.*

Campeões de Excelência em Serviço constroem o trabalho em equipe, aumentam o orgulho profissional, melhoram a comunicação e tornam nosso mundo um lugar melhor ao servir aos outros. São pessoas como você que assumem responsabilidade e fazem melhorias reais. Quando vê algo que deveria ser feito, você o faz. Quando percebe algo que poderia ser melhor, você recomenda que o façam. Quando vê uma oportunidade de se apresentar como voluntário para servir, você não hesita – você a pega.

Os Cinco Estilos de Serviço

Campeões de Serviço assumem responsabilidade pessoal pela *experiência* de outras pessoas com o serviço que prestam. Esse ponto de vista reconhece que o serviço não é apenas o que você diz ou faz, mas também o valor que outros encontram em suas ações. Campeões de Serviço modificam seus estilos para se adequar à outra pessoa e à situação, usando os Cinco Estilos de Serviço para fazer isso acontecer. Esses Cinco Estilos de Serviço não são níveis mais altos ou mais baixos, nem melhores ou piores; são simplesmente diferentes. E, no decorrer de uma Transação de Serviço com muitos Pontos de Percepção, cada um desses cinco estilos pode ser o apropriado para usar em diferentes momentos do tempo.

Direção: É dizer a outras pessoas exatamente o que fazer, dando-lhes instruções claras e esperando que as cumpram. Um agente de trânsito direcionando o tráfego está entregando um serviço. Um fisioterapeuta fornece instruções para que pacientes não se machuquem em um exercício. Um consultor de TI diz a você ao telefone: "Quero que digite os comandos indicados e depois me diga o que vê na tela". Esse estilo é direção e, na situação certa, um excelente serviço.

Produção: Esse estilo de serviço se concentra em obter o trabalho com eficiência e rapidez. É comum entre colegas quando ambos estão familiarizados com a tarefa. É também o estilo certo a usar quando alguém está com pressa. Leia o código de barras, embale o item, feche o lacre e diga tchau. É a cadeia de pizza com entrega prometida em 45 minutos. É o alfaiate ou a lavanderia oferecendo o serviço para o mesmo dia. É o dono da mercearia oferecendo garantia de produto fresco. Esse estilo de serviço pode ser atraente para provedores de serviço porque muitas coisas são feitas com rapidez. Mas para alguns clientes a coisa pode parecer robótica e burocrática – mais focada nos procedimentos que na experiência que está sendo criada.

Educação: Esse estilo de serviço ensina e informa. Ajuda as pessoas a aprenderem mais sobre o que está acontecendo e a entenderem por que você as atende dessa maneira. "Deixe-me mostrar como isso funciona. Permita que eu explique. Aqui está o que você pode fazer para obter os melhores resultados." O estilo de serviço educacional enriquece outras pessoas com informações. Ele as capacita a se tornarem melhores clientes. Você pode não ser professor, mas leve em consideração quantas oportunidades tem de servir bem aos outros, ajudando-os a entender uma variedade de produtos, a se preparar para as etapas de um processo ou a obter mais valor com base nas opções que fizeram. Médicos que ensinam os pacientes a observarem taxas mais altas de adesão aos tratamentos, tomando os medicamentos conforme prescritos, produzem taxas mais baixas de negligência médica, fazendo com que os pacientes os processem com muito menos frequência. Governos que explicam suas políticas desfrutam de níveis mais elevados de apoio da cidadania. E, em qualquer área na qual os produtos são tratados como *commodities* e os preços são facilmente comparáveis, o prestador de serviço que ensina e informa pode obter vantagem competitiva.

Motivação: Esse estilo de serviço é, reconhecidamente, um tapinha nas costas. É o *personal trainer* que o incentiva a continuar na academia e elogia seu esforço. É o técnico que diz: "Não se preocupe, você ligou para o lugar certo. Posso ajudá-lo". Essa frase simples levanta o ânimo e o acalma. Como acontece quando você elogia o próprio cliente com palavras simples e encorajadoras: "Você fez uma boa escolha".

A motivação é, também, o estilo a ser usado para fazer com que um cliente irritado se sinta bem, mesmo que ele esteja errado. Às vezes, os clientes distorcem os fatos, não compreendem uma norma ou passam dos limites. Mas a última coisa que clientes transtornados querem ouvir é alguém dizendo: "Você está errado". O que querem ouvir é que você entende, reconhece e concorda com eles sobre o que valorizam. E você pode fazer isso com um estilo motivador de serviço.

Um cliente transtornado diz: "Seus funcionários são rudes e antiprofissionais". E você responde: "Você tem razão em esperar cortesia e equipe profissional". Nenhuma discussão. Seu cliente diz: "Suas políticas são rígidas. Sua empresa é burocrática". E você responde: "Concordo que devemos ser mais flexíveis e amigáveis possível. Suas sugestões podem ajudar". De repente, você está do mesmo lado. Seu cliente diz: "Este produto não é o que me prometeram. E o preço é muito alto!". Você responde: "Você tem o direito de ficar satisfeito com tudo o que compra de nós. E merece que seja dada importância ao seu dinheiro. Vamos rever o que você adquiriu e verificar se há opção melhor".

Essas respostas fazem com que o cliente se *sinta* bem, sem insistir que ele está errado. Ao concordar ativamente com o que a outra pessoa valoriza, você lhe proporciona um tapinha emocional nas costas. Isso faz com que ela se sinta melhor e torna mais fácil um trabalho conjunto entre vocês. Da próxima vez que quiser evitar uma briga, tente essa abordagem com seu parceiro ou sua esposa.

Inspiração: É um estilo de serviço que estabelece verdadeira conexão pessoa a pessoa. Isso permite que as pessoas saibam que você está interessado em seu bem-estar, não em sua carteira. Esse estilo dá o tom para nos preocuparmos com os outros, acolhê-los em nosso mundo e apreciarmos a oportunidade de entrar no mundo deles. Esse estilo está começando com "Bom dia! Prazer em vê-lo" e acabando com "Obrigado pela oportunidade de atendê-lo". Esse é o espírito humano sincero que inspira outras pessoas e, no processo, inspira você.

O estilo que você usa vai depender da situação. Quem você está atendendo, o que eles querem e que estilo de atendimento vão valorizar? Pessoas com pressa querem produção. O cliente curioso aprecia a educação. Alguém que está confuso pode valorizar uma orientação clara. Quem está aprendendo vai desfrutar de uma dose de motivação. E, de vez em quando, todo mundo quer apenas ser visto e ouvido como indivíduo único ou especial, um serviço que você pode fornecer com um momento de inspiração.

O Outro Lado do Atendimento ao Cliente

Grande parte do domínio do atendimento ao cliente se concentra em sermos melhores provedores de serviço. Mas há outro lado do atendimento ao cliente, e é ser um cliente melhor. Um Campeão da Excelência em Serviço também assume responsabilidade pessoal por isso. Quando você presta um ótimo atendimento, os clientes o apreciam mais. Quando seu atendimento é ruim, os clientes podem ser uma dor de cabeça. Da mesma maneira, quando você é um cliente agradecido e atencioso, os provedores de serviço farão, muitas vezes, esforço extra para atendê-lo ainda melhor. Mas se você reclama e bate na mesa as pessoas podem servi-lo de má vontade, se é que o servem. Aqui estão etapas comprovadas que você pode seguir para ser um cliente melhor e tirar proveito disso *recebendo* um serviço melhor:

1. **Seja grato e educado**. Não se esqueça de que há um ser humano igual a você do outro lado do telefone, recebendo seu *e-mail* ou atrás do balcão. Comece cada contato com um rápido "Olá. Obrigado por me ajudar. Realmente agradeço". Isso leva cerca de dois segundos e pode melhorar incrivelmente o humor de um provedor de serviço.
2. **Consiga o nome de seu provedor de serviço e use-o**. Podemos fazer isso de modo breve e amistoso falando primeiro nosso nome e depois perguntando: "Com quem estou falando, por favor?". Ou, se você e a pessoa estiverem frente a frente: "Posso saber seu nome?". Assim que ouvi-lo, repita-o com um sorriso na voz. Isso cria conexão pessoal e torna muito mais difícil um provedor de serviço tratá-lo como o titular de uma conta anônima ou o número de uma apólice.
3. **Seja otimista**. Muitos prestadores de serviço atendem cliente após cliente o dia todo. A rotina pode se tornar cansativa. Quando aparece um cliente animado e sorridente, ele normalmente desfruta de cuidados e tratamento especiais. O que você envia volta. As atitudes – positivas e negativas – são realmente contagiosas.
4. **Forneça as informações exatamente como eles desejam**. Muitos provedores de serviço precisam de seus dados numa sequência que se ajuste a formulários, telas e procedimentos. Tenha todas as suas informações prontas para serem passadas, mas passe-as na ordem

que eles preferirem. Dizer: "Tenho todas as minhas informações à mão. Por onde começo?" mostra ao provedor que você está preparado e será fácil trabalhar com você. O tempo gasto para pôr tudo em ordem será, sem dúvida, tempo economizado na conversa com o atendimento.

5. **Confirme as próximas ações**. Repita o que o provedor de serviço promete fazer. Confirme datas, horários, valores, promessas, responsabilidades e compromissos. Isso ajuda as duas partes a se moverem juntas no processo de atendimento, detectando qualquer mal-entendido e corrigindo-o ao longo do caminho. Tenha certeza de que você e o atendente entendem o que acontecerá em seguida: o que ambos farão, o que você fará e o que as duas partes concordaram em fazer daí para a frente.
6. **Quando apropriado, mostre-se solidário**. Às vezes, os prestadores de serviço deixam sua frustração transparecer. Um computador lento, um cliente anterior, grande volume de chamadas, pressão de um gerente ou algum evento pessoal indesejável podem os ter perturbado. Quando ouvir um tom irritado, seja você a acalmá-lo. "Parece que as coisas andam meio difíceis. Realmente agradeço sua ajuda." Esse breve momento de empatia pode ser um oásis no mundo deles.
7. **Mostre seu apreço**. Um "obrigado" sincero é sempre adequado. Se seu provedor de serviço merece mais, dê mais. Um elogio bem escrito pode fazer enorme diferença no dia ou na carreira da pessoa. E quem sabe? A pessoa que você elogia hoje pode atendê-lo de novo amanhã.

O serviço é uma via de mão dupla. O tráfego da boa vontade flui igualmente entre clientes e provedores de serviço. Se você quer desfrutar de excelência em serviço, não espere que outra pessoa prepare a festa. Dê o primeiro passo, mostrando a própria boa vontade.

O que Você Ganha com Isso?

Avançar para melhorar seu serviço pode significar muito trabalho. Atualizar suas ações e tornar sua atitude mais edificante exige empenho real. Você deveria estar preocupado? Antes de completar esta seção do livro, vamos ser sinceros e fazer a pergunta: "O que você ganha com isso"?

Se você avançar, os clientes apreciarão a excelência de seu serviço. E você ganhará mais elogios. Clientes satisfeitos voltam e contam sua experiência a outras pessoas. Isso é bom para sua organização e cria segurança no emprego. Também é bom para você. Se você relata aos colegas seus progressos no serviço, esses esforços poderão muito bem chamar a atenção. O que vai por aí vem por aí. Quando você ajuda os colegas, a ajuda deles também se torna mais provável. Isso torna seu trabalho mais fácil e seu local de trabalho mais satisfatório a todos. E quanto às outras pessoas em sua rede de negócios: fornecedores, distribuidores e outras organizações? Procure atendê-las melhor, e elas também vão servi-lo melhor.

Essa via de mão dupla se aplica até aos que fazem parte de sua vida pessoal: família, amigos, vizinhos e todas as outras pessoas que você conhece. Todos nós vivemos e trabalhamos num grande mundo de relacionamentos baseados em serviço. Quando você aprimorar e reciclar o serviço que fornece, o mundo o engrandecerá.

Perguntas para Provedores de Serviço

- Onde você pode assumir mais responsabilidades pessoais no trabalho, em casa e na vida?
- Que estilos de serviço você se sente mais confortável em oferecer?

- Como você consegue escolher o melhor estilo a empregar com diferentes clientes e em diferentes situações de serviço?

Perguntas para Líderes de Serviço

- Onde você ouve o som da culpa, da vergonha e das desculpas em sua organização?
- Como você pode ser exemplo de quem assume responsabilidade pessoal?
- Que estilos de serviço seus empregados fornecem com mais frequência? Que estilos seus clientes preferem?
- Que estilos você usa com mais frequência ao interagir com os membros de sua equipe? Que estilos eles mais apreciam? Quais são os mais eficazes?

PARTE CINCO

DIRIGIR

Capítulo 25

Seu Roteiro de Implementação

Estávamos em uma trilha arborizada que subia pela encosta de uma pequena montanha no estado de Washington. Era verão. Meus pais – ambos, na época, com mais de 70 anos – tinham me convidado para me juntar a eles num passeio de duas horas até o topo. Estávamos a meio caminho do cume, devidamente preparados para o desafio e para a estação, com botas de caminhada, calças compridas, jaquetas e chapéus. Paramos um momento para admirar a beleza serena, os pinheiros altos e a brisa refrescante da altitude.

De repente, um rapaz, olhos fixos à frente, veio em disparada pela trilha. Não usava nada além de tênis de corrida, *shorts* de ginástica e uma camiseta encharcada de suor. Mal tivemos tempo de nos afastar quando ele passou correndo literalmente para o cume. Eu mal podia acreditar no que via.

"Está correndo por toda a trilha?", perguntei em tom de descrença. Meus pais sorriram e menearam afirmativamente a cabeça. Eram caminhantes frequentes e já tinham visto aquilo muitas vezes. "Sim, algumas pessoas realmente correm o caminho inteiro e se esforçam para cobri-lo no menor tempo possível", minha mãe explicou. "Outros param no caminho para tirar fotos ou descansar. Gostamos de manter um ritmo constante.

Mas uma coisa é certa: seja qual for o ritmo de cada um, essa trilha leva todo mundo ao topo."

O caminho que você tem seguido neste livro é tão confiável quanto aquela trilha na montanha. Siga os passos e continue; você alcançará o cume da excelência em serviço.

A arquitetura está comprovada, os princípios e práticas funcionam, e o quadro-geral fornece estrutura para sua avaliação pessoal e as próximas ações. Mas a cultura de cada organização é única. E a maneira como você implementa o que está neste livro será completamente única para você.

Você pode querer subir a colina implementando muitas práticas novas em rápida sucessão. Ou pode planejar uma subida mais longa, com muitas etapas a serem cumpridas. Algumas organizações estão trilhando um caminho íngreme a partir de uma base comum de clientes insatisfeitos e fraca reputação de serviço. Se é aqui que você está hoje, anime-se, entre em ação, e esse caminho o levará para cima. Outros estão no meio de suas áreas – nem o campeão de serviço nem o pior. Se é onde você se encontra, pode trilhar esse caminho de modo confiante. Ele o levará a níveis de serviço ainda mais elevados. Algumas empresas e culturas já são fortes e bem conhecidas pela excelência em serviço. Se é onde você está hoje, parabéns. Mas você sabe que os concorrentes estão cada dia chegando mais alto. Fique em forma e se mantenha no topo aplicando os princípios e práticas deste livro.

Preparando seu Roteiro de Implementação

Sempre que embarcam em uma nova aventura de caminhada, meus pais exploram, antes de partir, o que outros caminhantes experimentaram nas trilhas escolhidas. O que é recomendado? O que deve ser evitado? Quais são os preparativos mais importantes? O que tornará a caminhada deles bem-sucedida e satisfatória? Meus pais estudam os principais recursos da trilha. Aprendem o que levar e o que deixar para trás. Descobrem, com antecedência, o melhor momento para começar, até onde ir, o que fazer quando o tempo estiver bom e de modo diferente se mudar.

Agora você pode fazer o mesmo. Usando este Roteiro de Implementação, vamos olhar para a frente e ver o que o espera e como você pode se preparar melhor para uma jornada de construção cultural bem-sucedida.

Muita gente quer saber quanto tempo leva para construir ou melhorar uma cultura de serviço. Com base em minha experiência com organizações de todos os tamanhos e de todas as partes do mundo, a resposta é doze meses. Isso não significa que tudo estará completamente diferente daqui a um ano. Significa que, mesmo uma organização muito grande, com cultura bem estabelecida, pode ver uma mudança positiva para a Melhoria de Serviço e dos resultados do serviço no prazo de um ano.

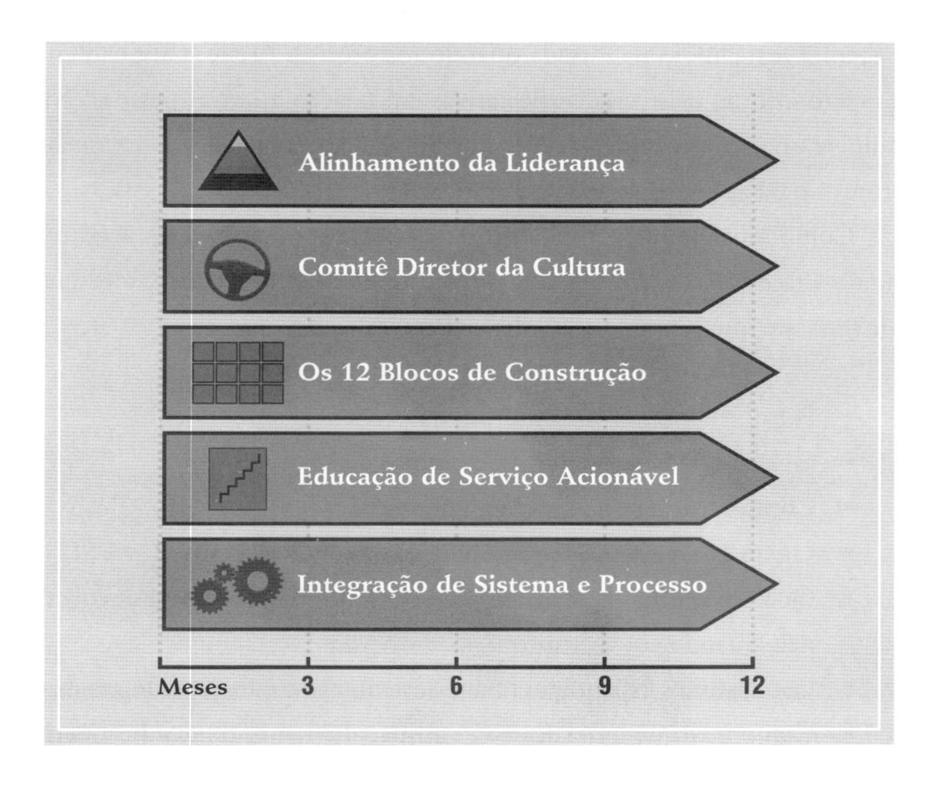

E uma organização menor, mais rápida ou mais ágil pode fazer uma mudança drástica no mesmo período de tempo.

Quer sua implementação seja rápida e focada ou mais gradual e constante, você pode ter sucesso olhando à frente em cinco áreas principais.

1. Alinhamento da Liderança

Construir ou melhorar uma cultura de serviço requer comprometimento do topo. Mas a adesão por si só não é suficiente. Os membros da equipe de liderança devem estar alinhados uns com os outros. Devem compreender por que a excelência em serviço é uma chave para o futuro e o que será requerido deles como líderes – e como equipe – nessa jornada gratificante, mas exigente.

O alinhamento da liderança proporciona início saudável do caminho e garante forte apoio na estrada quando for preciso. Até esse alinhamento ser claro e forte, evite criar expectativas em relação a outras pessoas. Não anuncie uma iniciativa de Melhoria de Serviço antes que os líderes estejam prontos para apoiar essas palavras com ação.

Como saber se sua equipe de liderança está pronta? Faça as perguntas para o alto escalão e, em seguida, ouça a discussão e o debate. Continue a conversa até que a equipe se alinhe e chegue a um acordo claro.

- Por que construir uma cultura da excelência em serviço?
- Que resultados nos comprometemos a alcançar?
- Como forneceremos apoio à liderança?
- Quem fará parte do Comitê Diretivo?
- Quando e onde começaremos esse projeto? Quem será envolvido nele quando começarmos?
- Como vamos expandir, refinar e sustentar esse esforço a longo prazo?
- Como mediremos o sucesso e compartilharemos o reconhecimento e as recompensas?

2. Comitê Diretor da Cultura de Serviço

Construir ou melhorar a cultura de serviço em uma organização é um projeto holístico que envolve a todos. Crie um Comitê Diretor para planejar e guiar esse projeto. O Comitê reunirá apoio, programará atividades, revisará resultados e fará recomendações ou revisões do roteiro.

Os membros do Comitê devem representar as preocupações e os interesses de todos na organização. Representantes de recursos humanos, desenvolvimento organizacional, vendas, prestação de serviços e atendimento ao cliente, todos compreenderão a necessidade do seu envolvimento desde o começo. Mas outras partes da organização têm diferentes pontos de vista e perspectivas valiosas a compartilhar. Incluem vozes representativas de operações da linha de frente, produção, logística, pesquisa, finanças, departamento jurídico, instalações, supervisores, gerentes, líderes e sindicatos. Periodicamente, o Comitê poderá mudar ou rotacionar membros. Novos talentos são bons para o trabalho desse grupo e para as carreiras dos envolvidos. Criar seu Comitê Diretor significa responder a perguntas como:

- Quem atuará no Comitê Diretor e por quanto tempo?
- Com que frequência o Comitê Diretor se reunirá? O que estará na agenda do Comitê?
- Que poder de decisão terá o Comitê e quanto orçamento controlará?
- A quem o Comitê pode recorrer para obter conhecimento especializado, patrocínio ou suporte?
- Como o Comitê avaliará sua eficácia?
- Como a participação de um indivíduo no Comitê Diretor será reconhecida e recompensada?

As respostas a essas perguntas serão tão diversas quanto as próprias organizações. Ao explorar, fazer acordos, entregar e certificar, você descobrirá as melhores respostas para sua organização alcançar os objetivos que lhe são próprios.

3. Os 12 Blocos de Construção

A próxima etapa do seu Roteiro de Implementação é uma autoavaliação em cada um dos 12 Blocos de Construção da Cultura de Serviço. Para cada bloco de construção, as perguntas abaixo vão orientar sua exploração:

- Por que este bloco de construção é útil para nós?
- Até que ponto nosso foco é claro?
- O que estamos fazendo nessa área agora?
- Até que ponto essas atividades e programas estão funcionando bem?
- Quem é o responsável aqui? Quem mais deveria estar envolvido?
- O que poderia ser melhorado? Seria muito difícil fazer isso?
- Quanto impacto ou valor seria criado?
- Quais são os próximos avanços?
- Como esse bloco de construção pode se conectar melhor aos outros?

Você pode descobrir que algumas atividades atuais estão fora de sincronia com o lugar a que você quer chegar. Essas políticas e práticas são lembretes da "maneira como sempre fizemos". Deixar esses restos no lugar envia uma mensagem confusa. Práticas desatualizadas devem ser interrompidas no início da jornada.

Você também pode encontrar oportunidades para destacar serviços com pouquíssimo esforço. Às vezes, um pequeno ajuste ou um passo simples podem enviar um sinal muito favorável. Por exemplo, comemorar elogios de clientes pode ser feito de imediato e com baixo custo. Divulgar melhorias no serviço requer pouquíssimo esforço e faz com que todos se sintam bem. Ações como essas são frutos fáceis de alcançar. Você pode colhê-los cedo e desfrutar deles.

Em alguns blocos de construção, melhorias e novas atividades podem requerer investimento substancial. Por exemplo, revisar sua estratégia de investimento, avaliação ou promoção exige tempo e atenção da liderança. Renovar as métricas de satisfação ou de fidelidade do cliente não é um projeto simples. Lançar um novo concurso requer comprometimento permanente e possíveis recursos financeiros. As melhorias nessas áreas podem não ser rápidas nem baratas. Mas os investimentos de atenção, tempo e dinheiro podem produzir resultados significativos e duradouros.

Quanto mais você estudar os 12 Blocos de Construção da Cultura de Serviço, mais oportunidades vai descobrir. Mas não faça tudo que vê o mais rápido possível. Em vez disso, organize suas atividades ao longo do tempo – estamos seguindo um roteiro, não estamos numa corrida. Envie uma mensagem antecipada e encontre uma maneira de reforçá-la. Concentre a atenção num problema de serviço e procure depois destacar o mesmo problema por um canal completamente diferente. Refine suas atividades, revise seus programas, reveja o que funciona e faça de novo. Torne a mensagem consistente e atraente, mas mantenha as iniciativas frescas, envolventes e até mesmo divertidas.

4. Educação de Serviço Acionável

Com a liderança alinhada, um Comitê Diretivo instalado e atividades de bloco de construção preparadas, você está pronto para aplicar a Educação de Serviço Acionável em toda a organização. A aplicação desses princípios será diferente em cada trabalho e cada função, mas os trabalhos em si são os mesmos. Essa aplicação comum de princípios de serviço fundamentais é essencial para construir forte cultura de serviço. Esse tipo de educação traz novos *insights* e compreensão; exige reflexão e questionamento de visões e práticas correntes; pede a cada pessoa que coloque o novo aprendizado em ação, e isso requer total apoio de todos – líderes, gerentes, supervisores e funcionários da linha de frente.

Liderar esses cursos e conversas educacionais é uma tremenda responsabilidade. Esse papel único é o de líder do curso, educador, facilitador, treinador, encorajador, resolvedor de problemas, consultor e provocador, tudo em uma só pessoa. Esses indivíduos devem ser cuidadosamente selecionados pela compreensão, atitude e orientação para a nova ação. Essa função exige paciência, clareza de pensamento, compromisso com a excelência em serviço e generosidade ilimitada no encorajamento de outros. É uma oportunidade única para influenciar as opiniões e a vida de outras pessoas e ter a própria vida enriquecida no processo.

Com frequência, incentivo CEOs a permitirem que os membros da própria equipe liderem programas internos de educação para o serviço. E incentivo os membros da equipe a se voluntariarem para se tornarem esses líderes de curso. Provedores de treinamento externo raramente compreendem os objetivos e as preocupações de seu negócio como seus funcionários. Essa é outra razão comum por que tantos programas de treinamento de atendimento ao cliente não produzem resultados substanciais ou sustentáveis. Seu objetivo é mais que melhorias de curto prazo em algumas áreas de serviço problemáticas. Você quer construir uma organização com capacidade interna para resolver problemas hoje e criar grandes sucessos no futuro.

Os líderes de curso influenciam as ações de outras pessoas e, assim, moldam o futuro de toda a organização. Qualquer um nessa posição deve se conectar cedo com os gestores dos funcionários que estão ensinando. Essa conexão precoce é essencial para garantir que um líder de curso esteja bem preparado. Isso abre um canal para os líderes de curso aprenderem questões atuais e trazê-las para cada aula. Também permite que curso retornem após a aula com *feedback* e sugestões práticas para os gestores.

Sempre que alguém participar de uma aula de Educação de Serviço Acionável, deve estar engajado e preparado com antecedência, para entender essas perguntas:

- Por que você foi selecionado?
- O que aprenderá?
- Como esse aprendizado se aplicará ao seu trabalho?
- Que novas ações serão esperadas de você?
- Que valor as novas ações ajudarão a criar?
- Como serão medidos suas ações e resultados?
- Que apoio você poderá esperar do seu gerente?
- Como você pode compartilhar ideias para melhorias futuras?

Aplicar a Educação de Serviço Acionável em toda a organização requer uma implementação de certa proporção. Use essa mobilização para reforçar outros esforços de construção da cultura de serviço. Por exemplo, traga os comentários da Voz do Cliente de ontem e Medidas e Métricas de Serviço do mês passado para as sessões de resolução de problemas de amanhã. Aproveite as ideias e os planos de ação das discussões da aula de hoje no Processo de Melhoria de Serviço da semana que vem. Estude os vencedores do prêmio de serviço do mês passado para entender como põem em ação os princípios de serviço. Mantenha informação recente fluindo para seu processo de Educação de Serviço. Guarde as novas ideias para ação que estão surgindo. Guarde a energia para continuar se movendo e crescendo em todas as direções.

5. Integração de Sistema e Processo

Em última análise, os princípios da Educação de Serviço Acionável podem ser incorporados aos processos e procedimentos diários. O objetivo da Integração de Sistema e Processo é que esses princípios penetrem na maneira própria como você trabalha, de modo que a simples ida ao trabalho e o ato de fazer seu trabalho proporcionem uma Educação de Serviço inescapável.

Por exemplo, nos terminais da Vopak, na Ásia, cada reclamação de cliente que chega é rastreada conforme uma bem desenvolvida Transação de Serviço e um mapa de Pontos de Percepção. Esse mapa guia a qualidade e a sequência de ações para assegurar uma experiência positiva do cliente. Na Parkway Health, o sistema operacional do hospital inclui um procedimento-padrão que mapeia Transações de Serviço e Pontos de Percepção em Seis Níveis de Serviço de cada categoria do GRANDE Quadro. Na Wipro, nas avaliações de satisfação do cliente, as equipes se preparam usando Explorar, Fazer Acordo, Entregar, Certificar: o Ciclo da Melhoria no Serviço. E, na Xerox Emirates, o modelo *Bounce!* e a Escada da Fidelidade sustentam cada oportunidade para recuperação e melhoria de serviço. Com ferramentas como essas em uso todos os dias, as distinções e práticas da excelência em serviço estão incrustadas na ação diária e profundamente inseridas na cultura.

Onde você pode adotar a linguagem deste livro para que ele se torne o idioma de sua equipe? Como você pode aplicar os modelos deste livro para aperfeiçoar e atualizar o serviço que oferece?

Revise cada processo envolvendo clientes e prestadores de serviço. Há muitos a considerar onde você trabalha. Por exemplo:

- Como os clientes são recebidos?
- Como são apresentadas as informações sobre produtos e serviços?

- Como são identificadas as necessidades e preocupações dos clientes?
- Como as ordens de serviço são esclarecidas e confirmadas?
- Como o serviço é rastreado e entregue?
- Como os clientes são mantidos informados?
- Como é verificada a satisfação? Como o valor é medido?
- Como você dá continuidade e conclui?
- Como você aprofunda as relações com os clientes?
- Como a aprendizagem é captada e compartilhada na organização?

Em cada caso, onde você pode aplicar os princípios da Educação de Serviço Acionável? Onde pode usar a Linguagem Comum de Serviço? Como pode criar conexões com os blocos de construção da cultura de serviço? Incorporá-los a seus sistemas e processos ajuda no progresso de todos ao longo do caminho comprovado.

Muitas vezes, as coisas vão bem e, às vezes, melhor que o esperado. Outras vezes, os projetos fracassam, apesar das melhores ideias e intenções. O que você pode fazer para aumentar as chances de sucesso e minimizar a probabilidade de problemas? Você pode estudar aqueles que tiveram sucesso antes de você e aqueles que não tiveram. E pode aprender com a experiência dos outros, como você verá no próximo capítulo.

Capítulo 26

Aprendendo com a Experiência

Karen era jovem, curiosa e queria saber o que havia na caixa. Por que o avô sempre fazia questão de colocar a caixa na prateleira de cima, fora de seu alcance. O que era aquilo em que ela não devia mexer? Karen ficou atenta e esperou, até que um dia o avô deixou a caixinha em cima da mesa. Fora uma distração, e Karen sabia disso, mas não disse nada a ele. Em vez disso, esperou pacientemente que saísse da sala.

Ela pegou a caixa e a sacudiu, as mãozinhas tremendo de emoção. Um lado se abriu, e caíram muitos pedacinhos de pau. Eram coloridos na ponta e do tamanho certo para seus dedos. Karen os fez rolar de um lado para o outro nas mãos, admirando os brilhantes pedacinhos vermelhos nas pontas, fazendo-os divertidamente deslizar para dentro e para fora da caixa.

Então aconteceu, num instante, uma faísca, um clarão e uma chama irrompendo em seus dedos. Aquilo queimou sua pele sem nenhum aviso, e ela saiu em disparada, gritando de dor.

O avô apareceu correndo. Estava assustado com o grito dela. Sentiu o cheiro de imediato e viu a razão. Pisoteou no tapete o foguinho que já ameaçava se espalhar. Depois pegou Karen nos braços e chorou com ela.

Karen chorava de dor por estar aprendendo da maneira mais difícil. Chorava por entender que manter a caixa longe era uma estratégia comprovada para sua segurança e deixá-la ao seu alcance fora quase um desastre.

Fósforos são energia concentrada. Podem acender uma vela ou uma fogueira. Também podem inflamar um inferno. Construir uma cultura de excelência em serviço requer, igualmente, energia e grande concentração. O sucesso ilumina a todos que toca. O fracasso pode ser doloroso e caro. Como conciliamos nossa visão, paixão e aspirações com a política, as realidades e as restrições de uma organização? Quais são os passos testados que devemos dar? Quais são as dificuldades e os desastres que devemos evitar?

Há mais de duas décadas, venho trabalhando em projetos de excelência em serviço com clientes do mundo inteiro. Muitos têm dado certo; alguns têm superado em muito as expectativas. Outros empacaram ou produziram menos que o esperado. A experiência é uma professora maravilhosa, em especial quando podemos aprender com os erros cometidos por outros. Aprender com a experiência encurta nossa própria curva de aprendizado para que se possa fazer mais depressa o que dá certo e evitar por completo o que dá errado.

"A sabedoria é filha da experiência."
LEONARDO DA VINCI

Não Venda Neve aos Esquimós

Onde é o lugar certo para dar início a um programa de Melhoria de Serviço em sua organização? A resposta pode parecer óbvia. Você começa com membros da equipe que vende e atende seus clientes. Afinal, são os clientes que compram seus produtos e utilizam seus serviços. Eles voltam quando estão felizes e reclamam quando não estão. Faz sentido que os vendedores, as equipes de entrega e os agentes de suporte e serviço devam ser os primeiros a participar de um programa de melhoramento de serviço, certo?

Bem, não. Se seu objetivo é construir uma cultura de excelência em serviço, essa abordagem é muito problemática.

É verdade que pessoas em funções "de contato direto com o cliente" estão mais próximas de seus clientes em uma base diária. Elas já entendem como o atendimento é importante. Sabem que clientes irritados reclamam. Sabem que é mais fácil atender clientes felizes. E sabem, por experiência, que só clientes satisfeitos voltam, tornam a comprar, compram mais e fazem recomendação aos amigos. Os membros da equipe que convive diretamente com o cliente têm muitos incentivos para atender bem aos clientes. E, sem dúvida, devem estar fazendo o melhor que podem nas circunstâncias atuais.

Quando você oferece um novo serviço de educação, mais incentivo e reconhecimento a essa equipe, seus membros ficam inspirados para servirem melhor, sorrirem mais e se esforçarem ainda mais para agradar. Porém, ao memo tempo (e possivelmente com muita rapidez), eles vão esbarrar nas restrições de seus sistemas, nos orçamentos ou em procedimentos atuais. E em determinado ponto começarão a se perguntar como podem prestar melhor serviço aos clientes se não são bem atendidos pelos colegas. Como podem correr o quilômetro extra quando não recebem o suporte necessário dos colegas em toda a organização?

E eles têm certa razão! Pedir aos membros da equipe que atende os clientes que melhorem o serviço sem antes receberem um serviço melhor de quem está nos bastidores é uma receita de decepção para ambas as partes. Essa abordagem não só frustra aqueles que atendem diretamente aos clientes como também incomoda membros da equipe de apoio que não entendem por que os colegas estão sempre pedindo mais. Eles, então, recuam, o que frustra ainda mais os que estão na linha de frente. É uma infeliz e desnecessária situação de "perda e perda"

Agora, compare isso com uma abordagem alternativa. Suponha que você comece concentrando esforços de melhoria de serviço em seus provedores de serviço interno. Imagine os departamentos financeiro e jurídico se oferecendo para facilitar as coisas para quem vende e fecha novos negócios. Imagine equipes de produção e fabricação afastando-se de sua rotina para tornar as coisas mais rápidas ou mais flexíveis àqueles que veem os clientes todos os dias. Imagine departamentos de armazenagem, logística e entrega fazendo tudo que podem para ajudar os colegas a atenderem ainda melhor os clientes. Imagine desenvolvedores de *software* perguntando a revendores o que podem fazer para tornar o trabalho mais fácil. Imagine como essa oferta seria bem-vinda àqueles que, todos os dias, se defrontam com novos consumidores, clientes e concorrentes. Imagine a surpresa e o prazer que sentiriam.

Então, o que acontece quando você pede aos membros dessa equipe de primeira linha que sirva aos clientes melhor que nunca? Com um novo e surpreendente serviço vindo de dentro é mais fácil avançar com o serviço do lado de fora. Quando os membros da equipe de contato direto com os clientes apresentam novas ideias e olham ao redor em busca de apoio, encontram colegas capazes e ávidos para ajudar. Por quê? Porque esses colegas do serviço interno foram, antes de mais nada, educados e inspirados para fornecer primeiro um serviço melhor.

Ao lançar um programa de excelência em serviço, não se volte apenas para os membros da equipe que atendem diretamente o cliente. Seria muito melhor começar pelos provedores de serviço interno: produção e *design*, *hardware* e *software*, armazenamento e logística, instalações, finanças, área jurídica, TI e RH. Ou comece com dois grupos ao mesmo tempo – e ensine a eles em conjunto – para um compromisso de melhor serviço integral. Deixe aqueles que estão no interior inspirarem os que estão servindo no exterior. É uma situação comprovadamente de ganha-ganha. Seguir esse conselho o levará ao sucesso, ao passo que ignorá-lo é flertar com o fracasso.

Lançar de Cima para Baixo e de Baixo para Cima

Começar do topo com uma iniciativa de excelência em serviço faz sentido. Quando líderes de alto nível falam e servem de exemplo de compromisso, é mais fácil para todos os outros seguirem – e assumirem a liderança nos próprios níveis. É por isso que o Alinhamento da Liderança está em primeiro lugar no Roteiro de Implementação e a seção Liderar deste livro precede as seções Construir, Aprender e Dirigir.

No entanto, uma abordagem de cima para baixo, por si só, já pode deixar os líderes numa posição desconfortável. Um lançamento de cima para baixo significa que aqueles no topo fazem os primeiros esforços e depois esperam um efeito cascata para ver os resultados práticos. Embora isso seja lógico – uma cascata não acontece da noite para o dia –, pode ser frustrante para líderes acostumados a causar rapidamente impacto após suas ações. Na verdade, a falta de impacto rápido e observável pode fazer com que alguns líderes questionem se os resultados, de fato, acontecerão.

Leva tempo obter ganhos mensuráveis em participação de mercado, reputação e desempenho financeiro – objetivos últimos dos negócios. E os líderes entendem isso. Mas nesse meio-tempo é de vital importância que os líderes de alto nível vejam e ouçam os primeiros sucessos no terreno. Não espere que o chefe dê apoio e patrocínio infinitos sem ouvir aplicações práticas, histórias reais e exemplos inspiradores nos quais possam acreditar e os quais possam relatar aos outros. Não precisa haver grandes avanços ou saltos quânticos – líderes sabem que o pouco precede o muito. O que precisam é de exemplos de ação prática na organização e impacto positivo fora dela.

Você se lembra da nossa discussão anterior sobre alcançar os objetivos finais nos negócios? Tudo começa com novas ideias e ações, que levam a elogios positivos e *feedbacks*, que levam a pontuações mais altas de satisfação e fidelidade, que levam a melhor participação de mercado, reputação e lucros. Histórias de esforço na linha de frente, de excelentes recuperações e elogios do cliente são indicadores importantes dos objetivos finais nos negócios. São um combustível revigorante e necessário para líderes de serviço de alto nível.

Cuidado ao se lançar de baixo para cima sem o apoio do topo – o erro clássico de "programas de treinamento de serviço de linha de frente" independentes. Não vai demorar muito para que um motivado provedor de serviço da linha de frente esbarre num supervisor ou gerente que não compartilha da mesma compreensão ou paixão.

Um importante operador turístico levou aos funcionários da linha de frente uma nova campanha chamada "Sejam Empreendedores de Serviço". O objetivo era que membros da equipe tomassem decisões como se fossem os donos. Verdadeiros empreendedores têm apetite para o risco e estão dispostos a cometer erros. E assim fez um entusiasmado provedor de serviço da linha de frente. Fretou um avião para transportar os clientes quando o ônibus de turismo da companhia quebrou. Foi uma jogada corajosa que os clientes adoraram, mas criou um choque inesperado dois degraus acima na escada corporativa. A maioria dos líderes da companhia nunca tinha ouvido falar desse programa de linha de frente e não ficou feliz com o resultado. O programa foi rapidamente retirado enquanto se espalhava pela companhia a notícia de que o "Sejam Empreendedores de Serviço" não tinha mais apoio.

Lançar alguma coisa ao mesmo tempo de cima para baixo e de baixo para cima põe grande carga de responsabilidade nos ombros do pessoal que está no meio. Na cascata de cima para baixo, gerentes intermediários e supervisores têm de traduzir as mensagens em ação, conectar objetivos da companhia a preocupações da linha de frente e fazer uma linguagem edificante parecer prática e útil. No borbulhar de baixo para cima de novas ideias e iniciativas, o meio desempenha três funções de construção da cultura: elogiar os membros da equipe que fazem um ótimo trabalho, trazer à tona boas sugestões para o exame do nível superior e apontar os holofotes aos bloqueios que requerem ação de liderança para serem removidos. Gerentes e supervisores precisam de reconhecimento e apoio de cima e de baixo para ter sucesso nessas funções essenciais.

Que tal lançar no meio e deixar o topo e a base seguirem mais tarde? Essa pode ser a abordagem mais fraca de todas. Quando os líderes não estão preparados para liderar e os funcionários da linha de frente não estão preparados para a ação, pedir aos gerentes intermediários que comecem a jornada sozinhos é uma fórmula de pura frustração.

Uma cascata de cima para baixo traz comprometimento, alinhamento e apoio. Um programa de baixo para cima estimula novas ideias e ações. Um ponto intermediário ativado conecta, habilita e capacita. Seu Roteiro de Implementação bem-sucedido deve começar com atenção aos três níveis.

Ajude os Líderes a Liderar

Nas profundezas de uma enorme empresa de *software*, uma equipe de pessoas apaixonadamente comprometidas trabalha dia e noite para melhorar as experiências de clientes e parceiros. Esses heróis do serviço dedicado sabem que a satisfação não é suficiente para reter a lealdade e ganhar nova parcela do mercado. Querem mais que uma rápida recuperação quando as coisas dão errado; querem, antes de mais nada, impedir que as coisas deem errado. Querem mais que apenas corresponder às expectativas; levam a sério o contentamento do cliente. E, embora a empresa seja diversificada e esteja em expansão, esses funcionários acreditam que todos deveriam intensificar o serviço, criando juntos a próxima grande experiência.

Infelizmente, seus líderes não parecem concordar. Ou talvez não entendam. Durante um *workshop,* um deles trovejou dizendo que estava cansado e farto de todos os problemas e simplesmente gritou com seu pessoal: "Deem um jeito nisso!". Outro subiu no palco, diante de centenas de pessoas, com outros milhares assistindo a tudo em vídeo, no mundo inteiro, e disse: "A satisfação do cliente é nosso objetivo número um. Temos de nos esforçar para corresponder às expectativas". Nossos heróis do serviço se encolheram.

Desmoralizados, mas ainda comprometidos, voltaram a lutar por uma causa que esses líderes não promoveram ou defenderam. Um desses líderes me disse francamente: "Não temos um problema nos negócios para melhorar nosso serviço. Não há crise agora que tenhamos de resolver, e, mesmo que melhoremos nosso serviço, não ganharemos mais dinheiro". Isso é uma doce música para os ouvidos dos concorrentes. Então, como se para acentuar a completa falta de alinhamento no topo, outro líder sênior anunciou publicamente: "Devemos tornar todos os nossos clientes delirantemente felizes. Qualquer coisa menos que isso é fracasso".

Como pode alguém chegar ao topo de uma grande organização e não compreender o valor de uma cultura da excelência em serviço? Não é uma pergunta difícil de responder. A maioria das pessoas que alcançam posições de alta liderança são peritas em sua indústria. Dispõem, com frequência, de fortes aptidões financeiras e também de fortes personalidades. Mas raramente são peritos em construir ou liderar uma cultura de serviço. Para começar, não foi isso que lhes rendeu bônus ou os fez subir a escada.

Mas uma cultura de serviço vencedora deve ter líderes de serviço eficazes e equipes de excelência em liderança. Se você é um dos apaixonados e comprometidos heróis do serviço em sua organização, pode precisar ajudar seus líderes a liderar. Pode parecer estranho que gerentes, supervisores e a equipe de linha de frente digam aos líderes o que fazer – mas quem mais vai ajudá-los se você não se esforçar por fazê-lo?

Você pode ajudar seus líderes criando oportunidades para que cumpram o que dizem, falem com responsabilidade e sejam exemplos de excelência em serviço.

Está organizando uma reunião com clientes, um grupo focal ou um painel de discussão? Convide seus líderes a se juntarem a você e deixe-os bem informados quando chegarem. Vai promover uma reunião da equipe, um *workshop* multifuncional ou uma sessão para resolver problemas sobre questões de atendimento? Informe seus líderes com antecedência e peça-lhes que deem uma passadinha para ouvir as novas ideias. Você tem um método para reconhecer prestadores de serviço de primeira linha? Peça a seus líderes que participem com uma visita, um aperto de mão, uma foto e um breve discurso.

Tem medo de que os líderes não saibam o que dizer? Então, tome a iniciativa e assuma a responsabilidade de ajudá-los a liderar. Escreva breves descrições de problemas de serviço resolvidos recentemente: Quem trabalhou no problema? O que essas pessoas fizeram? E como o serviço foi melhorado? Muitos desses exemplos existem em qualquer organização, mas raramente os detalhes chegam ao topo.

Preocupado porque seus líderes não veem o impacto, o poder ou a necessidade competitiva da excelência em serviço? Recorte ou copie histórias interessantes sobre outros líderes de serviço – ou sobre desastres do serviço – e mande-as com uma nota manuscrita compartilhando sua admiração ou preocupação. Ou você pode organizar uma visita de *benchmarking* e convidar seus líderes a aparecer. Eles estão ocupados demais para fazer a visita na data marcada? Envie-lhes um relatório de única página sobre o que viu, aprendeu e o que aplicará.

Tem medo de que o atendimento ao cliente seja simplesmente perdido na agenda lotada de seus líderes? Organize um resumo executivo das atuais reclamações – e do que você está fazendo a respeito delas. Adicione a isso alguns elogios cuidadosamente selecionados que você recebeu. Alguns líderes são atraídos para problemas – e seu resumo chamará a atenção deles. Outros estão precisando de alguma inspiração, e os elogios que você enviar à cadeia de comando serão muito bem-vindos.

Primeiro Escolha o Alvo, Depois Atire

Um de meus clientes lançou um vigoroso programa de melhoramento do serviço para criar mais valor a clientes externos. Centenas de aulas foram conduzidas por milhares de Campeões de Serviço ao redor do mundo. Os objetivos do negócio eram claros: reclamar uma parcela do mercado e reconstruir uma reputação decadente. Dê a volta por cima em situações de recuperação. Concentre-se na experiência do cliente externo, não nas questões políticas internas. Demonstre paixão pelos clientes existentes. Entre de cabeça para conquistar novos negócios.

Mas algo incomum aconteceu durante o lançamento do programa expandido. Em vez de focar nessas metas identificadas de negócios externos, obter altas avaliações internas tornou-se o foco primário dos líderes do curso. Receber alta classificação como líder de curso muito envolvente foi encarado como grande sucesso. Pontuar 9 em 10 por liderar uma classe maravilhosa tornou-se motivo de comemoração. Essa é uma grande pontuação, mas o alvo era muito diferente.

Sucesso do cliente e melhores resultados de negócios foram a razão pela qual o programa foi originalmente concebido. Pontuações altas de líderes de curso não são o mesmo que impacto comercial valioso. Por fim, essa falta de alinhamento tornou-se dolorosamente aparente – o foco tinha se desviado dos objetivos iniciais, e todo o programa precisou ser reorientado. Não deixe que esse desvio aconteça com você.

O alvo para onde miramos deve estar no centro de nossos esforços. Deve ser bem articulado e compreendido por todos os envolvidos. Seus objetivos podem ser focados externa ou internamente. As metas externas são as melhorias que você se compromete a alcançar para as pessoas fora da organização: consumidores, clientes, parceiros, distribuidores e fornecedores. As metas internas também são alvos completamente válidos: melhorias na colaboração, no desempenho, no engajamento, na retenção de profissionais e mais. Não há problema em ter mais de um alvo-chave, desde que cada meta seja consistente com as outras. Por exemplo, o objetivo de reduzir reclamações e o aumento de vendas são metas naturalmente alinhadas. Níveis mais altos de engajamento do funcionário e excelentes pontuações para líderes de curso são objetivos bastante compatíveis.

Meus clientes costumam perguntar como podem medir o retorno sobre o investimento (ROI – *Return on Investment*) proveniente da melhoria no serviço. Querem garantia de que seu investimento moverá a agulha de maneira confiável. Sempre respondo com uma pergunta simples: "Diga-nos especificamente o que você pretende alcançar. Que resultados de uma medição ponto a ponto você deseja mover?". Quando ouço uma resposta sinuosa, sem clareza e foco, ou vejo uma lista de todas as melhorias possíveis, sei que ainda não é hora de começar. Não lance seus esforços para a Melhoria de Serviço antes de ter clareza absoluta sobre seu potencial de sucesso. Não puxe a corda antes de estar mirando o alvo.

Uma maneira de aumentar as chances de impacto do seu investimento é fazer, no fim do programa, esta sequência de cinco perguntas a cada participante.

1. De que você gostou nesta experiência de aprendizagem? Essa pergunta cria interesse pela oportunidade.
2. Que ações você tomará para aplicar o que aprendeu? Essa pergunta incentiva a reflexão e a revisão.
3. Como você vai aplicar o que aprendeu? Que novas atitudes vai tomar? Responder a essas perguntas requer foco, pensamento e planejamento.
4. Que valor suas ações criarão para clientes ou colegas? A resposta a essa pergunta deve cair claramente sobre o alvo que você escolheu.

5. Qual é o retorno sobre o investimento (ROI) de sua participação e de suas ações? Essa pergunta avalia o valor criado em relação aos investimentos em tempo, custo e esforço.

Para alguns membros da equipe, esta será a primeira vez que lhes pedirão que considerem o valor de sua aprendizagem e o impacto de suas ações – que é exatamente o que você quer que todos examinem, valorizem e aprimorem.

Pegue o Caminho Lento para a Via Rápida

Os princípios da excelência em serviço são tão empoderadores e as práticas tão eficazes que alguns líderes pressionam suas equipes a resolverem, de imediato, os mais difíceis e complexos problemas de serviço. Mas é um erro que devemos evitar. Aquecer a máquina antes de colocá-la em força total é uma boa prática. Aquecer sua equipe de serviço com uma série de "vitórias antecipadas" também é uma boa prática.

Uma grande empresa de logística global aplicou os métodos deste livro para melhorar uma série de transações, incluindo visitas a clientes, reuniões de balanço operacional e experiência de um cliente potencial da consulta ao contrato concluído. Após o sucesso inicial com um projeto bastante fácil, que melhorou as visitas em domicílio dos clientes, o gerente regional elevou dramaticamente a proposta. Pediu à equipe que trabalhasse para melhorar a experiência do cliente quando a empresa estivesse respondendo a reclamações. Era uma das transações de serviço mais desafiadoras, com implicações legais e financeiras.

Com apenas uma fina camada de experiência passada e alto limiar de desafio, a equipe de serviço não cedeu terreno e lutou. Por fim, os membros da equipe aplicaram os princípios da excelência em serviço e abriram caminho para o sucesso, mas a experiência foi exaustiva em termos emocionais. E não tinha de ser assim.

Quando planejar uma sequência de problemas de serviço a enfrentar, faça uma aproximação gradual. Ganhe impulso com vitórias iniciais resolvendo problemas fáceis. Deixe a equipe saborear o prazer do sucesso da excelência em serviço. Destaque as realizações e comemore os elogios recebidos. Contenha a vontade de trabalhar primeiro nos problemas mais difíceis – o dia deles vai chegar.

O mesmo se aplica à escolha dos participantes do programa de excelência em serviço. Alguns gerentes obstinados desafiarão um novo programa escalando seus funcionários mais cínicos e problemáticos. Sua visão é: "Se um novo programa pode funcionar com essas pessoas difíceis, talvez tenha algum mérito". Mas a abordagem oposta funcionará muito melhor. O que você quer nos primeiros dias de jornada são bons sentimentos, bons resultados e boas fofocas. Que vêm com muito mais facilidade de participantes que querem participar e estão ansiosos para ter êxito.

Há um velho ditado que diz: "A maré alta levanta todos os barcos". Isso também é verdade ao construir uma cultura de excelência em serviço – exceto para quem está preso na lama. Praticar uma ação generosa eleva todos a um nível mais alto – exceto aqueles que pararem de se mexer. Para funcionários profundamente cínicos, ressentidos ou relutantes, há duas opções que dão certo. Na primeira, eles podem conseguir ver a luz e subir a bordo para um passeio desconhecido, mas edificante. Na segunda, podem se sentir muito deslocados à medida que os outros avançam, perceber que já não são bem-vindos e partir. Para o sucesso de sua organização, ambos os resultados são bem-vindos.

Conecte os Blocos de Construção

Visite um canteiro de obras antes do início da construção e verá madeira serrada, sacos de cimento, páletes com pilhas altas de tijolos, caixas de piso para assoalho e muitas portas e janelas esperando para serem instaladas.

Visite o mesmo local meses mais tarde e verá uma casa, um escritório ou um prédio. O material de construção é o mesmo, mas as peças foram conectadas umas às outras. São as conexões entre os blocos que permitem a criação de novo valor: uma sala de visitas, uma sala de conferências, uma fábrica ou uma loja.

Arquitetos entendem que as conexões agregam valor: espaços abertos encorajam abertura de pensamento e cômodos mais próximos encorajam equipes mais próximas. Projetam o resultado desde o início. Planejando a função, a beleza, a economia e a resistência.

Os 12 Blocos de Construção da Cultura de Serviço oferecem uma oportunidade semelhante para construir com mais resistência. São úteis separadamente, mas seu verdadeiro poder surge quando você os une com bastante firmeza. Conectar os 12 Blocos de Construção é como usar cola epóxi para manter sua cultura firme no lugar, tornando-a mais forte que nunca.

Ao registrarem a saída no Marina Bay Sands, os hóspedes recebem um *link* por *e-mail,* que abre uma pesquisa de *feedback* sobre a estada. A primeira seção traz perguntas sobre "Sua Experiência Geral", e a primeira pergunta é simplesmente: "Como foi sua estada no Marina Bay Sands?". Você tem quatro opções: Muito Boa, Boa, Ruim e Muito Ruim. Naturalmente, o complexo do *resort* tem como objetivo receber o Muito Boa, mas ocasionalmente um hóspede clica no outro extremo do espectro. No momento em que um hóspede clica em Muito Ruim, uma caixa branca pula na tela com a mensagem: "Pedimos desculpas. Por favor, conte-nos mais sobre o problema para que possamos resolvê-lo". O que o hóspede digitar nessa caixa é cuidadosamente examinado e compartilhado com as equipes de serviço na reunião "Jump Start" [Dar um Tranco/Impulsionar] do dia seguinte. O hóspede é também chamado ou contatado por *e-mail* com um pedido pessoal de desculpas e uma consulta sobre como o *resort* pode reparar as coisas.

Vejamos o que está acontecendo aqui de uma perspectiva dos Blocos de Construção. A pesquisa acumula índices de satisfação (Medidas e Métricas de Serviço) e, se o cliente estiver insatisfeito, pede um comentário escrito (Voz do Cliente). Esse *feedback* é estudado e enviado aos departamentos que podem fazer alguma coisa a respeito (Processo de Melhoria de Serviço) e é compartilhado com todos os membros da equipe na reunião matinal (Comunicações de Serviço). E o Marina Bay Sands contata o hóspede diretamente, procurando uma oportunidade para recuperá-lo (Recuperação de Serviço e Garantias).

Imagine um concurso para melhoria de serviço (Processo de Melhoria de Serviço) com base em comentários recebidos de clientes (Voz do Cliente). O concurso inclui elogios e prêmios para as melhores ideias de melhoria (Reconhecimento e Recompensas de Serviço). O concurso é promovido, e os vencedores são aplaudidos no *site* da companhia, no boletim informativo e nos encontros trimestrais da prefeitura (Comunicações de Serviço). Durante as entrevistas da fase final, os candidatos a emprego são questionados sobre como poderiam lidar com as mesmas situações (Recrutamento de Serviço). E novos contratados, durante os primeiros dias no trabalho (Orientação de Serviço), estudam os vencedores de concursos como exemplos de uma cultura de serviço em ação.

Aprendendo as Próprias Lições

Uma coisa boa sobre aprender com a experiência é que, muitas vezes, você consegue outra chance para tentar. Por exemplo, você pode perder o equilíbrio de vez em quando: excesso de trabalho, excesso de comida, exercício insuficiente, descanso insuficiente, tempo insuficiente para aproveitar a vida. A boa notícia é que você sempre pode fazer algo a respeito. Desde que continue vivo, terá outro momento, outra chance de fazer as coisas da melhor maneira. E pode aprender com a experiência. O mesmo se aplica ao serviço.

Outra vantagem em aprender com a experiência é você não ter de fazer tudo de uma vez. Por exemplo, se quiser construir um corpo saudável, pode tomar muitas providências. Pode melhorar o que come, beber mais água, fazer algum exercício, dormir mais, administrar o estresse ou limpar o ambiente ao redor. Pode começar com uma mudança em qualquer uma dessas áreas e sentir agora mesmo os benefícios. Se trabalha em várias dessas áreas ao mesmo tempo, seus benefícios vão crescer rapidamente. Seu esforço para melhorar será recompensado. O mesmo é verdade no serviço.

Capítulo 27

Mais que uma Filosofia de Negócios

Todd Nordstrom me estendeu a mão enquanto o taxista carregava suas malas para o carro. Eram 4h30, tudo estava escuro como breu, e as ruas de Singapura estavam silenciosas.

"Você entende?", perguntei a ele. "Compreende toda essa coisa da excelência em serviço?"

"Sim", ele respondeu, apertando vigorosamente minha mão. "E acho incrível que ainda existam organizações que não entendem como isso pode ser poderoso. Foi uma experiência fantástica."

Continuamos a apertar as mãos, compartilhando algo importante e significativo naquele momento de partida.

"Obrigado", disse ele. "Realmente obrigado."

Dei um sorriso. "Você é muito bem-vindo."

Todd entrou no táxi e acenou pela janela. Vi as luzes traseiras do veículo desaparecerem na escuridão, a caminho do aeroporto Changi, onde esta história começou.

Presumi que Todd estaria com *jet-lag* quando chegasse em casa. Presumi que estaria pensando no que tinha visto e aprendido em Singapura e achei que sua atenção estaria naturalmente concentrada no serviço. E presumi que teria notícias de Todd em uma semana – depois de ele ter tido tantas oportunidades na vida para experimentar verdadeiros atos de excelência em serviço ou talvez perturbadores encontros de serviço.

Eu estava errado sobre a última suposição. Recebi o *e-mail* abaixo de Todd antes mesmo de ele ter saído do aeroporto de Los Angeles.

> Para: Ron Kaufman
> De: Todd Nordstrom
> Assunto: Agora entendi!
>
> Caro Ron,
>
> Agora entendi. A razão de seu sorriso, a razão de você estar tão apaixonado e a razão pela qual persegue esse conceito da excelência em serviço é, sem dúvida, muito maior que o negócio. Falo com você em breve.
>
> Atenciosamente,
>
> Todd

Fiquei sem entender o que ele quis dizer. Dois dias depois, liguei para perguntar.

"Quando aterrissamos, tive de esperar séculos por minha bagagem", disse ele. "E o pessoal era grosseiro. Todo mundo mal-humorado. Cheguei a ouvir uma senhora reclamar com outra pessoa que dera um passo na frente dela para pegar a mala. E depois um cara ficou furioso com a equipe de segurança porque um cachorro cheirou uma fruta em sua bolsa. Ficou fora de si. E era exatamente o que eu tinha esperado. Depois fiquei quase meia hora na fila da alfândega", disse ele. "A área estava lotada de pessoas e suas bagagens. Todos estavam cansados. Alguns agentes estavam sendo desagradáveis. Eu estava muito frustrado. E não era o único."

"Mas?", perguntei "Tem de haver algo positivo, certo?"

Todd hesitou.

"Sim", disse ele. "Foi completamente inesperado. Foi uma surpresa. E foi realmente delicioso."

Ele explicou que, apesar de toda a loucura do aeroporto, precisava pegar um voo de conexão para sua cidade natal, Phoenix, no Arizona. Isso significava que, após chegar a um terminal, tinha de pegar a bagagem, passar pela alfândega e depois levar tudo para outro terminal.

"Eu nem sabia em que terminal estava", disse ele. "Estava grogue por causa da mudança de fuso e exausto pela longa espera da chegada de minha bagagem. Fui até o balcão de informações pedir orientação. Mas, para dizer a verdade, depois do que eu tinha visto, não estava esperando por muita ajuda."

Todd se aproximou do balcão de informações perguntando como poderia ir para o outro terminal. Então, contou-me que uma das senhoras atrás do balcão respondeu: "Querido, você tem uma longa caminhada pela frente". Mas nesse momento um senhor mais velho, com cabelos brancos, também se dirigiu a ele.

"Você parece cansado", disse o homem. "Vamos, vou caminhar com você e mostrar aonde é."

"A que distância fica?", perguntou Todd.

"Vou lhe mostrar", disse o homem. "Meu nome é Richard."

"Ron", disse Todd ao telefone. "Não foi uma distância pequena... em especial para Richard, que parecia mancar um pouco. Mas o cara seguiu em frente. E, enquanto caminhávamos, ele me fez perguntas sobre minha viagem, meu trabalho, minha família e meus filhos. Foi quando realmente percebi que algo diferente estava acontecendo. Teria ficado satisfeito em receber orientações, mas Richard ficou feliz em me atender."

Eu e Todd paramos de falar por um momento, num acordo que não precisava de palavras.

Então Todd falou num tom diferente. Um pouco mais profundo, mais forte e, ao mesmo tempo, mais pacífico.

"Excelência em Serviço é uma filosofia de negócios", disse ele. "Vi claramente isso na minha viagem. Mas Richard não estava caminhando comigo porque aquele era seu negócio. Havia um significado maior para ele fazer algo extra por mim."

"Você entende isso", eu disse sorrindo. "Sei que sim."

O Caminho Testado Continua

Meses depois de Todd ter voltado para sua casa e família, visitei muitas das organizações mencionadas neste livro: Aeroporto Changi, NTUC Income, Marina Bay Sands, governo de Singapura e outras. Em todos os casos, essas organizações icônicas tinham avançado mais ao longo do caminho testado. Para aqueles que se distinguem pela excelência em serviço, esse caminho nunca termina. É um espaço aberto para a contínua inovação e expressão de compromisso.

O Aeroporto Changi está continuamente atualizando seu pessoal, sua tecnologia e as instalações de seus terminais para fornecer atendimento mais personalizado, mais inovador e livre de estresse. As áreas de trânsito foram ampliadas para melhorar o fluxo de passageiros. Um novo espaço foi criado para melhorar experiências de compra e restaurantes. Cascatas de luz natural entrando no prédio do terminal misturam o interior com o exterior tropical de Singapura numa combinação amigável em termos de ecologia. Novos projetos interativos multimídia são introduzidos à medida que a tecnologia oferece oportunidades vibrantes de conectar passageiros com recursos, parceiros de negócios e familiares no mundo inteiro.

Os Agentes de Experiência Changi agora patrulham o aeroporto de forma proativa, atentos a visitantes e passageiros que precisem de ajuda. Essa equipe especial de oficiais multilíngues de atendimento ao cliente é colocada em locais fundamentais durante os períodos de pico, onde o ambiente movimentado pode levar a níveis mais elevados de estresse. Armados com a tecnologia e o gerenciamento de um suporte de *tablets*, os Agentes de Experiência Changi estão capacitados para ajudar qualquer pessoa com necessidades especiais, bagagem perdida, voos atrasados, conexões apertadas ou quaisquer outras exigências.

Na NTUC Income, a revolução cultural de conservador para contemporâneo foi alcançada e agora a empresa está embarcando na evolução de um serviço excelente para um serviço extraordinário. A empresa colocou motocicletas alaranjadas de três rodas nas rodovias do país para ajudar os motoristas nos acostamentos, sejam eles ou não clientes da empresa. Essa "Força Laranja" deu início a uma iniciativa para fornecer assistência segura e confiável a consumidores em dificuldades, mas logo se tornou mais que isso. Setenta por cento dos atendimentos em acostamentos nem mesmo resultam de um pedido de ajuda. Os motoqueiros da NTUC Income os descobrem ao passarem pelo local patrulhando o país em busca de oportunidades para servir. E 50 por cento dos que recebem assistência não são sequer clientes da companhia, mas os motoristas da "Força Laranja" estão em ação e prontos para ajudar.

O Marina Bay Sands resolveu muitos dos problemas operacionais que primeiro desafiaram o maior *resort* integrado do mundo. A Jornada para a Magnificência continua. Dez mil membros da equipe estão ficando mais conectados com suas carreiras e entre si.

> "Toda a massa do mundo é um canal vazio para o transporte do seu espírito com a percepção do espírito deles. É isso que o serviço realmente é."
> JUNAH BODA

Líderes funcionais estão pensando de forma arrojada para resolver problemas não convencionais e aproveitar oportunidades sem precedentes: promoções cruzadas, energia sustentável e conexões mais profundas com o mundo e a nação.

Singapura continua a amadurecer. Iniciativas cidadãs estão ficando mais fortes. O governo assume posição encorajadora como catalisador do futuro, conectando as contribuições de muitos grupos comerciais e comunitários.

Impulsionar todo esse progresso envolve mais que preocupações comerciais. É o propósito subjacente de melhorar a vida de outros e de nós mesmos. É a paixão abrangente em fazer isso de modo que engrandeça todos os envolvidos. Esse compromisso com a excelência em serviço é mais que um meio de fazer negócios, uma tática para ganhar parcelas do mercado ou simplesmente conseguir o que você quer. É uma estratégia que cultiva uma devoção sincera. É um método com profundo significado embutido nele.

A Excelência em Serviço é uma maneira alegre de viver a vida em conjunto. Esse caminho comprovado traz à tona o melhor de nós mesmos e o melhor de cada uma das outras pessoas. A Excelência em Serviço é um convite e uma celebração – para dar, viver e amar.

Agradecimentos do Autor

Gostaria de estender minha gratidão às seguintes pessoas, por suas valiosas contribuições por meio de entrevistas, chamadas telefônicas, *e-mails* e depoimentos em *sites*, listadas aqui na ordem em que aparecem no livro e com os títulos que tinham na época: sr. Foo Sek Min, vice-presidente executivo de gestão aeroportuária, Equipe do Aeroporto Changi; sr. Andrew Hurt, gerente-geral, Xerox Emirates; dr. Tan See Leng, CEO e diretor-geral, Parkway Health; sr. Rajeev Suri, CEO da Nokia Siemens Networks; sr. Melvin Leong, gerente de comunicações corporativas e de marketing do Changi Airport Group; sr. Tan Suee Chieh, CEO da NTUC Income; sr. Tom Arasi, CEO/fundador do Marina Bay Sands; sr. George Tanasijevich, presidente e CEO do Marina Bay Sands; sr. Paul Jones, CEO da LUX* Island Resorts; sr. Tony Hsieh, CEO da Zappos; sr. Lanham Napier, CEO da Rackspace; srs. Stephanie Cox, vice-presidente de recursos humanos, Schlumberger; sr. Jeffrey Becksted, chefe de experiência do cliente e excelência em serviço da Nokia Siemens Networks; sr. Usha Rangarajan, gerente-geral de Missão de Qualidade da Wipro; sr. Matthew Daines, diretor de qualidade e gestão de processo do Marina Bay Sands; e sr. Sim Kay Wee, vice-presidente sênior de tripulação de cabine da Singapore Airlines.

Meu sincero agradecimento a Kevin Small, meu agente literário, que me estimulou durante todo o processo de desenvolvimento do livro; a Karen Kreiger, da Evolve Publishing, por ser uma parceira verdadeiramente encantadora ao levar essa mensagem ao mundo; e à equipe da Bookmasters, por sua eficiência e *expertise*. Obrigado a Todd Nordstrom e seu ouvido aguçado para capturar e criar histórias edificantes; a Keri Childers, diretora de marketing do meu livro, pela crença apaixonada em nossa mensagem; e a Bill Chiaravalle, pela elegante visualização da capa e do *design* interior deste livro.

Agradeço todos os dia à equipe mundial da UP! Your Service que torna possível nossa contribuição a outros com seu compromisso com a excelência em serviço, incluindo Steven Howard, Richard Farrell, Darren Sim, Aristóteles Motii Nandy, Naile McLoughlin, Tania Sng, Daryl See, Shawn Chua, Adrian Ho, Anne Tay, Sherman Cheow, Chee Seow Hui, Wong Lai Chun, Lynn Chea, Jane Foo, Carmen Chang, Cyril Tjahja, Apple Chua, Tay Chee Wei, Joanne Esta Chong, Janet Tan, Bruce Keats, Sharon Teo, Foo Teck Leong, Jason Tan, Noelita Superio, Carole Harris, Franco Arollado, Charles Tang, Mitchel Quek, Shyam Kumar, Jeff Eilertsen, Andrea Ihara, Jacqueline Chia, Betsy Dickinson e Dan Haygeman, e nossos profundamente apreciados conselheiros e parceiros ao longo dos anos, incluindo Junah Sowojay Boda, Dean Barrett Hazeltine, professor Jochen Wirtz, Chiew Yu Sarn, Audrey Yap, Roger Hamilton, Philip Hallstein, David Hall, Omar Khan, Richard, Veronica e Grace Tan, Ram, Gautam, Panna e Jay Ganglani, Gopal Chandnani, Vijay Tirathrai, Dinesh Senan, John Ong, Winston Chan, Su-Anne Chia, Philippa Huckle, Richard Wilson, Jonathan Bonsey, Øistein

Kristiansen, Zandra Marie, Nolan Tan, Lim Suu Kuan, Delphine Ang, Mike e Monette Hamlin, Yazan Hatamleh, Navaid Khan, Todd Lapidus, Richard Whiteley, Pat Smith, Valerie e Russell Bishop, Saqib Rasool, Tim Munson, Luke Wyckoff, Rick Curzon, Ray Jefferson, Robin Speculand, Les McKeown, Shiv Kumar, Mrigank Ohja, Perry Fagan, Rameshwari Ramachandra, Poorani Thanusha e Landmark Education, Helen Lim e Capelle Academy, Sally Chew e Temasek Polytechnic, Scott Coady e sócios da Sage Alliance, Leslie Lim e Pansing Distributors, Adam Khoo Learning Technologies Group, Biz-Era.net, Rainbow Print, Tien Wah Press, C2Workshop, Verztec e Krawler Technologies.

Tenho enorme admiração pelas centenas de Líderes de Clientes, Líderes de Programa e Líderes de Cursos Certificados que levaram os cursos da UP! Your Service College a milhares de Campeões de Excelência em Serviço em uma extraordinária gama de empresas, países, agências de governo e culturas do mundo inteiro. Vocês são numerosos demais para serem listados aqui pelo nome, mas cada um ocupa lugar especial em meu coração, pois seus esforços possibilitam que clientes e colegas sejam atendidos e culturas fiquem transformadas.

Meu eterno agradecimento a Fernando Flores, Chauncey Bell e Christopher Davis por seu ensino e treinamento em *design* ontológico que molda tão profundamente minha visão do mundo e minha paixão por projetá-la com outros.

Agradeço, de coração, aos meus avós, aos meus pais e aos pais de minha esposa, generosos exemplos de serviço durante todas a vida, e à minha filha, Brighten Kaufman, que compartilha meu amor criativo pela vida e pela paixão por inspirar outras pessoas.

Como toque final, estendo minha mão com admiração e apreço a Jenny Kaufman, minha esposa, minha infinitamente solidária esposa, parceira de negócios, melhor amiga e companheira de mergulho, por sua aceitação, incentivo e contribuições de todos os dias. Sem ela, este livro não estaria em suas mãos.

E, por fim, estendo a você, leitor deste livro, minha profunda admiração e respeito. Que sua vida seja inspirada à medida que você inspira a vida de outras pessoas.

Este mundo é um lugar melhor por SUA causa.